最新实用奶牛饲养与疾病防治丛书

无公害奶牛饲养
标准及饲养管理技术

温集成　温鸿仲　编著

内蒙古出版集团
内蒙古人民出版社

图书在版编目（ＣＩＰ）数据

无公害奶牛饲养标准及饲养管理技术 / 温集成, 温
鸿仲编著. -- 呼和浩特 : 内蒙古人民出版社, 2015.1
（最新实用奶牛饲养与疾病防治丛书）
ISBN 978-7-204-13281-2

Ⅰ.①无… Ⅱ.①温… ②温… Ⅲ.①乳牛 – 饲养管
理 – 无污染技术②乳牛 – 饲养标准 Ⅳ.①S823.9

中国版本图书馆 CIP 数据核字(2014)第 306263 号

无公害奶牛饲养标准及饲养管理技术

作　者	温集成　温鸿仲
责任编辑	王世喜
责任校对	李向东
装帧设计	朔羽文化
出版发行	内蒙古出版集团　内蒙古人民出版社
地　址	呼和浩特市新城区中山东路 8 号波士名人国际 B 座
印　刷	内蒙古爱信达教育印务有限责任公司
开　本	880×1230　1/32
印　张	7
字　数	180 千
版　次	2015 年 1 月第一版
印　次	2015 年 1 月第 1 次印刷
印　数	1–5000 册
标准书号	ISBN978-7-204-13281-2/S·226
定　价	22.00 元

联系电话:（0471）3946230 3946120
网址:http://www.nmgrmcbs.com

《最新实用奶牛饲养与疾病防治丛书》

序

改革开放以来,我国养牛业迅速发展,目前已成为世界第四大养牛大国,特别是奶牛养殖业和乳业发生了根本性变化,走上了快速发展的道路。据有关资料记载:2009 年,我国有奶牛 1260.33 万头,产牛奶 3732.6 万吨,世界排名第三位,仅次于美国和印度。但是奶牛单产排名仅为五十八位,沙特阿拉伯第一位,平均每头奶牛一个奶期产奶 14964 千克,美国为 9343 千克,中国为 2834 千克,人均牛奶占有量差距更大,2009 年人均占有奶量 28 千克。由此可以看出,我们要赶上世界养牛先进国家,任重而道远。

同时,随着奶牛养殖业的发展,奶牛疫病控制也正面临新的考验和挑战。不断出现新疫病,不断复发旧疫病,严重危害着畜牧业生产,同时有些人畜共患病也在传播,既影响国际贸易信誉,还危害到人民身体健康,这就要求我们在生产中保护人畜安全,生产无公害安全奶,供应市场。

当前,我国社会主义经济正在进入一个新的发展时期,农牧业中的奶牛业正在向集约化、科学化转型升级。最近国家把食品安全提到重要位置,出台了一系列政策措施。为提高乳和乳制品的质量与公信度,要求实施奶牛标准化饲养和可追溯的标识技术。

为了适应我国奶牛发展的大好形势,我们编著了此套丛书。

本丛书共分六册,内容主要包括:奶牛标准化、无公害饲养管理技术;规模化奶牛养殖场、农民养殖小区的建设与管理;奶牛养殖企业的行政管理、生产管理、技术管理、财务管理;奶牛围产期疾病的防治技术;奶牛流行病、寄生虫病、中毒病、代谢病的防治;奶牛乳房疾病及犊牛常见病防治;奶牛繁殖障碍病的防治及现代化奶牛繁殖技术的应用;奶牛最新常用药物及部分相关的法律法规。

同时,为了适应规模化、规范化办企业的需要,增设了科学建场、科学管理、投资决策、风险控制、产品创新等内容。所以本丛书不仅是奶农的科普读物,也是从事奶牛养殖、投资办场、企业管理和奶牛疾病医疗人员的指导用书。丛书内容广泛,通俗易懂,图文并茂,理论紧密结合实际。

本书按照生态学的观点,阐述现代生态养牛有关现代技术,力争做到内容的先进性、科学性、实用性与可操作性,为生态、高效养牛提供技术支持。

作者

2014 年 10 月

《无公害奶牛饲养标准及饲养管理技术》

内容简介

　　本书主要介绍无公害奶牛的饲养技术标准及饲养管理技术。主题是无公害。

　　无公害要求生产过程和产品对消费者不构成任何危害,而且有益于人类健康;对环境无污染,无破坏作用,对人畜安全;而且建立产品的可追溯制度、标识制度,如果某场,某牛的产品出了问题,可以找到问题的源头,问题的原因,及时采取防制措施。

　　产品无公害,是生产者的义务、责任、公德,也是建立企业公信度的基本措施、基本要求。本书突出无公害的目的就在于提高生产者的无公害意识,优化无公害生产措施,遵守国家无公害生产的法律、法规。因此书中所介绍的饲养标准,饲料配方,都以国家公布的标准为主,也符合无公害要求。

　　生产经营企业对所有饲草料的来源、制作、运输、贮藏多个环节严格把关,不让劣质有害、霉变腐败的饲草料进入饲喂环节,以保障人畜健康安全。

　　本书关于奶牛标准化饲养管理技术分五部分:

　　一、日常饲养管理程序,包括饲喂规范化、饲料标准化等 15 项内容。

二、奶牛养殖业从传统模式转向现代高效益饲养模式要建立新概念、新措施,从而提高企业的管理水平与经济效益。

三、把奶牛分为犊牛、青年牛、育成牛、成年牛四个生长阶段,分别叙述其的饲养标准、管理特点、日粮配方、精粗比例、饲养方式等。

四、奶牛围产期饲养管理的重要性及特别关注点。

围产期是奶牛很重要的生产阶段,是母牛妊娠 285 天的收获期,是泌乳期的新起点;这一阶段饲养管理的正确与否直接关系到奶牛母子平安、健康,也直接影响下一个泌乳期 305 天泌乳量的多少。因而奶牛围产期饲养管理技术性、科学性、周密性的要求更严、更详细、更个性化。为此把围产期分为产前饲养 15 天、临产饲养,产褥期饲养和增奶期饲养共 35 天或 40 天。

在这 35 天中,每天都要细心照料,保证奶牛身"心"健康,产能正常发挥,在本书中具体地根据实践经验、科学要求和多家资料制订了饲养程序、饲料配方、注意事项。

五、为了有效提高奶产,把奶牛饲养划分为:

1. 增奶期饲养:奶牛产犊后开始产奶,逐渐达到本期产奶高峰,高峰产奶量,高峰到来的时间与品种、遗传、饲养方式、营养水平、健康状态有关。判断高峰期一般以数日内增料不增奶,视为进入高峰产奶期。

增料要适应奶牛的生理承受能力、生产潜力,不是越多越好。精料过量会引发产后代谢病和消化道疾病。本书中介绍了增奶方式、措施和注意点。同时要考虑经济效益、投入与产出的关系。

2. 维持期饲养:本期饲养的目标是使产奶高峰维持的时间越长越好。维持是靠科学有效的调配草料,而不是靠增料。

3. 下降期饲养:产奶高峰期一般维持 10 ~ 30 天,然后缓慢下降。这一时期的饲养任务是使产奶速度缓慢下降,维持 305 天的泌乳期。

4.干奶期饲养:产前 60 天开始干奶。奶牛停止泌乳,集中力量支持胎儿的正常发育;为下次泌乳贮备营养。要求供应充足的优质饲草,合理、适量的优质精料。饲养管理的目标是,孕母牛健康、胎犊发育正常、产后不发生乳热症。

为了进一步搞好奶牛的饲养,还分类介绍了奶牛营养需要和奶牛常用饲料及其加工贮藏方法。

从技术层面介绍了奶牛场现代化经营管理的必要性,重要意义,以保证奶牛场牛群结构合理、繁殖正常,优化产能、增产增效、持续健康、稳定发展。

本书另一亮点是收录了国家奶牛饲养标准和饲料营养成分表,为从业人员配制日粮、科学饲养提供便利。

目　录

第一章　无公害奶牛饲养标准及
饲养管理技术

我国奶业和奶牛养殖,经过本世纪初的无序扩容、增值、增量,已向安全、稳定、健康的方向发展,并逐渐成熟起来。

为保障奶牛业稳定有序的发展,保证牛奶消费者的安全与健康,国家出台了一系列政策、法规和行业标准。它们已在奶业及奶牛养殖业中发挥了积极作用。推动了奶业及奶牛养殖业的科学化、规范化、无害化的生产与经营。

第一节　认真实施无公害奶牛
饲养的政策与标准

目前,我国奶牛养殖已由农牧户分散养殖,向小区养殖、场社基地养殖发展。这就为我们推行无公害、科学规范养殖创造了一定条件,将逐渐改变分散养殖的落后性和随意性。

实施无公害、统一标准化、科学化管理饲养模式是奶牛养殖的方向和要求。要实施无公害标准化奶牛饲养,应当从下列几方面入手：

1.更新观念、树立科学安全为消费者着想的理念。

2.创造安全生产的条件。

首先从奶牛抓起，奶牛的品种纯正，饲养标准的荷斯坦黑白花奶牛，饲养健康无人畜共患病的奶牛。按时检疫，及时去除结核病、布氏杆菌病病牛及具有隐性带菌者。

第二，要抓饲草饲料来源的安全性，不喂有毒害药物残留、添加有害物质的饲草饲料。

这就要建设稳定的饲草料基地，保证饲草料来源的安全性和饲草料的质量。

第三，抓好饲养过程的安全性、科学性。

3.制订合理科学无公害的生产管理模式。

下面简单介绍一些相关的政策法规以便在执行中使用。

养奶牛的目的是生产牛奶，不是生产奶牛。而牛奶及奶制品是要供应市场，满足广大奶品消费者的需要。乳品消费人群的观念正在发生很大的变化，由单纯的营养消费型向安全无害型过渡。为保障消费者的权益和健康，必须重视并着手实施无公害牛奶的生产，解决牛奶质量安全管理。要实现这一目标必须在牛奶生产和乳制品生产的全过程中认真贯彻有关卫生标准。

为了保证消费者的利益与健康不受损害，政府和企业要进一步抓好奶源基地的建设，生产无公害牛奶。

抓好奶源基地建设，应按照《无公害农产品管理办法》及NYT388《畜禽场环境质量标准》要求做好建场环境评估，要求符合GB16568《奶牛场卫生及检疫规范》。

为了提高牛奶质量，必须从饲草料基地建设抓起。

建设优质的青粗饲料基地要按照生产无公害奶牛的要求，饲料必须符合 NY5048《无公害食品,奶牛饲养饲料使用准则》和 GB3078《饲料卫生标准》,特别要严格实施第三方检查。确保乳品及饲料无对人体有害的添加物,如三聚氰氨等。

抓好奶牛防疫卫生,落实《动物防疫法》,做好防疫工作。按照 GB16568《奶牛场卫生及检疫规范》做好以下工作:排污要畅通,牛粪进行无害化处理,应符合 GB7959《粪便无害化处理卫生标准》和 GB8978《污水综合排放标准》等。

在提高饲养与生产管理水平方面要执行 ZB B43007《奶牛饲养标准》,有条件的企业采用先进的散栏饲养和 TMR(全混合日粮)饲喂模式,达到全面标准化饲养要求。

制订科学合理的挤奶程序,按本书收集制订的《挤奶机乳房保护》和《挤奶厅(站)机械化挤奶操作程序》以及《挤奶卫生》等。保证原奶卫生符合食品卫生要求。

按照有关规定严格把好奶牛防疫检疫关。执行《动物卫生防疫法》。确保场内人员健康,严格门卫制度,定期做好防疫注苗工作,抓好牛舍及周围环境卫生。

培育优质种源,从品种上保证牛奶的安全。

按标准遵章生产,严格控制农药及兽药残留。

根据 HACCP 认证的要求,切实抓好农药与兽药残留。在兽药使用上要遵循《中华人民共和国兽医药典》并符合 NY5046《无公害食品奶牛饲养兽药使用准则》不得违规使用国家禁用药品,对已使用抗生素的患牛,严格执行 NY5046 中有关药品休药期的规定。同时要建设自己的青粗饲料基地,以保证奶牛吃的饲料无毒害、无农药残留。我曾遇一起因农药残留致一个地区的牛发病,轻重不同,重的中毒死亡,轻的减产。

抓好 ISO9000、HACCP 及绿色食品认证体系,符合体系的要求,其产品的质量与安全才能经得起考验。

有条件的企业在建立无公害食品,QS、GMP、ISO9000、HACCP的基础上,进一步实施绿色食品管理的最高层次的认证体系。

除认真执行国家或行业规定的标准及措施外,还要应用电子标识技术建立有效的牛奶全过程的追踪系统,保证进入市场的牛奶制品无毒无害,从源头上保证消费者的健康安全,喝上放心牛奶。

为了规范奶农无公害奶牛饲养技术、提高无公害畜产品生产意识、向市场提供安全、卫生的乳、肉制品,附录了《中华人民共和国食品安全法》,供养殖者参考、使用。

第二节　一般饲养管理程序

根据相关标准和生产实践要求,制订奶牛一般饲养管理规范如下:

一、饲喂规范化

(一)饲喂次数与饲喂方法:每日三次,每次间隔 6~8 小时,要做到定时、定点、定量,尽量勤添少上。对高产奶牛夏季午夜(零时)增加喂料挤奶各一次,全天喂料挤奶达到四次,效果较好。

(二)饲喂次序:先粗后精,现在更提倡草拌料,以提高饲养的采食量。在现代化大型奶牛场都推行全混合日粮制(TMR)。

(三)调制的饲料应干净,无异物(金属、塑料等),决不喂变质、有毒发霉、冰冻的饲料。保证供给优质饲草,使奶牛吃饱、吃好。精补料按奶牛生产阶段调配,并要符合各个生产阶段的营养需要。严禁饲喂农药残留严重、被病菌或黄曲霉菌污染的饲草料,以及未经处理的发芽马铃薯等。

（四）按产奶量、乳脂率与体重的变化，每隔 20 天调整一次日粮，尽量做到饲料多样化，营养全面，比例搭配适当。

二、饲料准备及饲料搭配标准化

（一）充分利用当地的饲料资源，要有一定的饲草基地，保证优质安全饲草料的供给，大力提倡种植豆科及其他牧草，建议不喂青刈玉米，应喂带穗青贮玉米。保证每头成年母牛的饲料供给量和供应品种多样化。

精饲料的各个品种应做到常年均衡供给。一头奶牛每年贮备供给饲料、饲草如表 1 - 1。

表 1 - 1　　　　　　　　每头奶牛年所需饲草料量表

料名牛名	优质干草千千克	玉米青贮千千克	青割草千千克	块根类千千克	糟渣类千千克	豆饼千千克	玉米面千千克	麦麸百千克	骨粉千克	食盐千克
成母牛	2 ~ 3	5 ~ 8	3 ~ 5	1 ~ 2	3 ~ 5	0.6 ~ 0.8	1.2 ~ 1.5	4 ~ 6	30 ~ 60	25 ~ 40
育成牛	2 ~ 3	2 ~ 3	1.0		2.0	0.3 ~ 0.4	0.5 ~ 0.6	2 ~ 3	30 ~ 60	15 ~ 20
犊牛	0.5	0.5 ~ 0.8	0.5	0.1 ~ 0.2	1.0	0.09 ~ 0.1	0.15 ~ 0.2	0.8 ~ 1.0	10 ~ 20	5 ~ 10

注：优质干草应含 20% 豆科草。

合计年所需饲草料量：成年奶牛约 26000 千克/头。育成牛 10380 千克/头，犊牛 4330 千克/头，根据实际情况核定贮备计划。贮存条件，是否可以长期贮存。

种植紫花苜蓿和其他牧草。

调制禾本科牧草,应于抽穗期收割,豆科或其他干草应在开花期收割,青干草应选择绿色、芳香、枝茎柔软,叶片多、杂质少,含水量控制在 15% 以下,并且要打捆,设棚贮藏,以防营养损失,干草的切铡长度应在 3 厘米以上。

(二)给奶牛饲喂带穗青贮玉米。青贮原料富含糖分(包括甜高粱),干物质含量在 25% 以上。为使奶牛高产,保证每头产奶牛一年青贮料喂量达到 5000 千克以上。喂青贮玉米比喂玉米秸秆每头奶牛大约可多产奶 1000 千克。

(三)干玉米秸秆的利用。干玉米秸秆中含有 30% 的营养物质,必须经过发酵才能饲喂奶牛(1000 千克秸秆 + 0.5 千克盐 + 75 千克水,拌匀后放入发酵池经 24 小时发酵)。

秸秆草应妥善保存,不要使其受雨淋湿、发霉。

(四)块根、茎类饲料。对胡萝卜、甜菜等应妥善贮藏,防霉防冻,喂前洗净切成小块,预防牛食道阻塞。

(五)糟渣类饲料要在新鲜时饲喂。

(六)精饲料。库存精饲料含水量不得超过 14% ,谷实类饲料喂前应粉碎成 1~2 毫米的小颗粒,并且一次加工量不应过多,夏季加工量以 10 日内用完为宜。

(七)矿物质饲料。保证给奶牛饲喂适量的矿物质饲料,饲料中应含有一定比例的食盐、微量元素、常量矿物质等,如骨粉、碳酸钙、磷酸二氢钙、脱氧磷酸盐等。

(八)配合饲料。配合饲料应根据每年一次常规营养成分测定结果,结合高产奶牛的营养需要,选用合适的饲料加工配制。应用商品配合料时,必须了解其营养价值;应用化学、生物活性剂等添加剂时必须了解其作用与安全性。

(九)饲料品种多样化。保证营养全面而均衡。如果营养失衡会引发多种疾病,但全年日粮品种应保持相对稳定,变换饲料要逐渐进行,不能突然变换,并要根据《奶牛饲养标准》计算营养需要量。两种精料的过渡期不得小于5天。保证不同生产期的精粗比,保证粗饲料(草)的质量与供给量。

三、饮水

饮水是饲养中很重要的一环,尤其在泌乳期的乳牛,对水的需要量很大,而且要求高质量、不间断。

在运动场保证不间断的供应清洁饮水。夏天供应清洁新鲜的凉水,冬季供温水,不要求温度很高,但绝不能供给冰冻水、冰凌水。

若限制饮水,采食会下降,产奶量降低,品质变差。

注意清洗饮水槽。在挤奶后返回途中应有饮水供应。

四、饲草料调制

块根类,洗净切碎,谨防发生食道梗塞。

干草,机械粉碎成2～5厘米长,或用揉碎机揉碎,保证植物纤维有一定长度,刺激瘤胃的运动和消化。粗饲料的加工方法根据不同饲料,不同用途采取切碎、浸泡、碱化、氨化、发酵等物理的、化学的、生物的方法。

精饲料:临用前2～3小时用水拌湿,手握成团、手松即散为宜,不宜过湿或过干。湿料不能放置时间太长,以免夏季发生霉变,冬季冻成块。

目前,市售精料当日配制,当日用完。市售料品种很多,有预混料、50料、添加料等,奶农可选择饲喂,但一定要按说明标准使用,不能随意添加、减少。对该料中蛋白等营养物质虚亏者要及时补充其虚亏部分,以免造成损失。对于集约化养牛场,多采用自配料,技术人员可以根据不同阶段的营养需要配置供应。

五、运动

奶牛每天必须有适当的运动时间,以促进血液的正常循环和提高消化系统的活动功能。每天缓慢驱赶或牵蹓运动两小时以上,孕奶牛以逍遥运动为主。有运动场的和散栏饲养的保证自由运动的空间和时间。

六、奶牛护理

刷拭:每天上午 9 ~ 10 点刷拭牛体一次,以保持皮肤清洁,活跃血循环,止痒去虫。

方法:先用铁耙由头到颈,由前到后,由上到下顺序顺毛刷拭,动作轻快。刷完用棕刷或毛刷先逆后顺刷拭,每头每次 6 ~ 8 分钟。

对待奶牛要有爱心,有耐心,绝不能吼喊、踢打、恐吓。做到四看:看精神,看食欲,看产乳,看大小便。每天要全面掌握奶牛健康状况。发现不正常或有病及时改善饲养条件或请专业兽医进行治疗。对奶牛做到人性化管理,细心护理。

挤奶员和奶牛要定期做健康检查,有布氏杆菌病和结核病患者不应做饲养和挤奶工作。对患有布病、结核病、副结核病的奶牛要及时隔离淘汰。

七、牛舍卫生

牛舍要经常保持清洁,不潮湿。上午从牛舍中放牛后(牵去挤奶)必须将地面、粪尿、褥草、饲槽彻底清扫干净。由牛舍清出的粪便和剩余又不能利用的草料及时运到固定的地方制沼气或发酵制肥。夏季舍温维持在 26℃ 以内,必要时舍内装电风扇,圈内搭凉棚。或给牛体洒水降温。

八、注意护蹄

首先要保持蹄壁、蹄叉的清洁。为了防止蹄壁破裂,要经常涂抹凡士林油,还应及时修蹄。主要是修削矫正蹄型,每年春秋各修一次,勤换垫草,保持圈、舍地面清洁干燥。雨后及时排水,不能让牛站在稀泥糊里。

九、配种

(1)建立繁殖档案:

记录:购入母牛编号,怀孕月龄,预产期;生殖系统疾病发生和治疗情况;配种公牛号。

(2)初配年龄:荷系黑白花牛(中国荷斯坦牛)15~16月龄,体重150~400千克,产后初配:于产后40天到60天配种。

(3)情期适配:老牛发情结束后(拒爬)3~4小时输精,中年牛拒爬后5~6小时输精,年轻母牛在拒爬后7~8小时输精。一般掌握在发情后12~18小时输精,能早晚各配一次,受胎率较高。

(4)一律采用优良公牛冷冻精液人工输精技术,不准采用自留公牛配种,采用正规公牛站生产的有记载的优良种公牛的冻精。

十、统计制度

奶站负责人、奶农、奶场每月将你站所辖奶牛的奶产量,饲料消耗,疫病发生等情况上报乡奶牛办,由乡奶牛办汇总向旗(县)奶牛办报送。

十一、防疫制度化

定期进行驱虫和疫苗接种,除重视对口蹄疫、胸膜炎、肺炎等传染病的防治外,更要重视消灭布氏杆菌病、结核病、肺结核等慢性传染病,做到定期检疫、定时淘汰。保证奶牛群体健康,保证奶源无特定病源。

对围产期奶牛进行口蹄疫注苗工作,多年来一直是兽医工作者担心的问题。一怕孕牛流产,二怕承担经济赔偿责任。鉴于国内口蹄疫防疫的重要性,新疆农8师一四一团牧业发展中心在山东石岛奶牛隔离场于2004年6月对国外3000头围产期奶牛进行了强化免疫牛口蹄疫 O 型灭活苗。(所注牛全部为 27 月龄左右的进入围产期的荷斯坦后备青年母牛)。

结果:

1. 在第一次免疫中,孕牛流产 14 头,流产率 0.46%,未因注苗发生死亡淘汰,采食状况注苗 5 天后恢复正常。在第二次免疫中,孕牛流产 8 头,流产率 0.26% 无死亡和淘汰。采食状况注苗 3 天后恢复正常。孕牛流产经显著性检验,$p > 0.05$,差异不显著。对围产期奶牛强化免疫牛口蹄疫 O 型灭活苗后影响不大。

2. 对奶牛采食方面影响很大。

3. 对流产影响不大,可以打消临产前一个半月不宜使用的顾虑。美国牛场注射口蹄疫苗原则:①如果是弱毒(活苗)苗,奶牛怀孕期间一定不能打,分娩后 15 天打。②如果是灭活苗,奶牛怀孕期间可以打,在国内由于针剂有差别,如果不是强制免疫,对孕母牛应慎用。

十二、饲养日粮配方

表 1 - 2 饲养日粮配方表

饲草料	占体重%	例如	喂量/千克
青贮玉米(或青割草)	3 ~ 5	400 千克体重	12 ~ 15
青干草	1 ~ 1.5		4 ~ 6
玉米秸	2 ~ 2.5		8 ~ 10
多汁料(萝卜、甜菜)	3 ~ 5		
精饲料			4 ~ 5

如以干物质计算,日粮总量约为体重的 3% ~ 3.5%

表 1 – 3 精料配方表(每 100 千克含量)

玉米 48	麸皮 18.5	胡饼 10	棉籽饼 8.5
豆粕 10	小苏打 1	食盐 1.5	骨粉 1.5
多种维生素(主要是维生素 A、D₃、E 等)0.3 矿物质和多种微量元素 0.7			

本方营养成分含量:

干物质 90.21%

粗蛋白 19.30%

可消化蛋白 12.3%

能量单位 2.41%

中性洗涤纤维 27.44%

酸性洗涤纤维 9.5%

十三、饲料选择注意事项

豆粕:一定要用经过高温加工的豆粕。高温可以破坏豆粕中胰蛋白酶的破坏酶。

豆子:在饲喂前一定要加热,炒熟到没有生豆味。

如果喂了生豆子、生豆粕,会造成产奶量下降,生长缓慢,并引发多种消化道疾病。

棉籽饼,菜籽饼都要脱毒。

玉米:特别要注意胚芽部分发霉。

所有霉败饲草料都不能喂奶牛。

不饮淖尔水、死水,以防消化道和血液寄生虫侵袭。

放牧牛和喂青割草的牛要避免饲喂玉米幼苗,特别是收割玉米后,新长出的幼苗,30 ~ 40 厘米以下的幼嫩苗,因其中含有有毒物质氰化物。

十四、奶牛的淘汰

在奶牛场或奶牛养殖户,常因为奶牛低产、疾病、意外事故要淘汰奶牛。过去养殖场(户)都不愿意淘汰,反而增加了开支,降低了产量和效益。

淘汰各种饲养效益不高的奶牛,并不是一件坏事,而是提升奶牛群体质量的重要措施。在一些养牛先进国家,也是高淘汰率,例如,有的国家对乳房炎牛不治疗,采取淘汰措施。

建议有下列情况之一的应淘汰:

1. 久配不孕,异性双胎母犊。

2. 治疗难度大的乳房炎病牛,生殖道炎症及损伤病牛。

3. 已感染人兽共患病,如布氏杆菌病,结核病牛。

4. 低产牛。

十五、建立育肥牛场(舍)

1. 育肥早期断奶的公犊,一般育肥 15 个月可以产肉出栏,可长肉 150～200 斤。

2. 育肥淘汰牛。

大部分淘汰牛经过肥育屠宰出售,其经济效益也可观。

育肥牛舍建设,营养搭配,饲养管理比乳用牛粗放。

可参照育成牛的饲养管理模式配置,牛的肥育每个牛场都应设专项饲养,是经营管理中不可缺少的部分。

第三节　奶牛现代化高效饲养新模式

目前困扰我国奶业向现代化发展的重要因素之一是如何充分合理利用现有资源,使奶牛饲养更加科学化、规范化与经济化。要通过现代化高效饲养技术实现资源利用合理化,产出效益最大化。

一、奶牛的高效饲养

奶牛高效饲养是指以加强奶牛生产环境的管理与控制,改善奶牛饲养条件,饲喂颗粒饲料,全混合日粮(TMR)为中心,全面实行奶牛场数字化、智能化与网络化管理为基本点的奶牛饲养工艺与模式。使用现代化先进生产经营方式,达到持续发展、高质量生产,保护和改善农业生态环境的目的,实现奶牛饲养的经济效益系统,自然生态系统同步优化。高效饲养模式也是实现无公害奶牛饲养的有效措施,更是提高综合效益,增加收入,创新奶牛业的新途径。

二、奶牛高效饲养的主要措施

奶牛群生产环境全面控制的模式是从源头上保障生产无公害奶牛。

1. 为奶牛制造干燥、舒适、清洁的环境

奶牛场设计合理,方便奶牛挤奶、采食、饮水、休息。奶牛行走路线合理,料槽、水槽、休息区方便到达。面积适宜,为奶牛提供福利待遇。牛场设净道、污道互不交叉,雨水和污水分开,建立病牛舍隔离区,场区周围设绿化隔离带,设遗弃物储存设施,防止其渗漏、溢流和恶臭对环境造成污染。废弃物处理,遵循减量化、无害化、资源化原则。粪便堆积发酵作农肥或制沼气。污水经发酵沉淀后作为液体肥料使用。

2. 对奶牛进行散栏饲养

先进国家奶牛场多为散栏饲养,个性化饲养。

散栏式管理是将自由牛床、饲料和挤奶厅集中挤奶相结合的现代奶牛饲养模式,虽然比拴系式管理复杂,但更加符合奶牛的自然和生理需要,使奶牛根据需要全天候自由采食、饮水、运动;饲喂由精粗分开向精粗混合的全混合日粮思维方式转变,应用全混合思维机械,有效的提高劳动生产率,挤奶也由人工挤奶、管道式挤奶向挤奶厅鱼骨式挤奶、转盘式挤奶转变、饲养区和挤奶区完全分开,从而保证了原奶的质量。

2004 年欧盟规定,所有奶牛场必须采用散栏式饲养,充分体现了它们重视奶牛福利和以动物的舒适、健康、产品安全为总原则的思想。

3. 奶牛分群,分阶段管理

按哺奶母犊、断奶犊牛、育成牛、成年牛与青年牛、干乳牛、泌乳牛、病牛等分群管理。泌乳牛根据奶产量的高低分阶段管理。

三、奶牛全混合日粮(TMR)

所谓奶牛全混合日粮(TMR)是指根据不同生长发育及泌乳阶段奶牛的营养需求和饲养方案所提供的配方,用特制饲料搅拌机将粗饲料、精饲料、矿物质、维生素及其他添加剂等成分,进行科学的混合、粉碎,达到一定的粒度,供奶牛自由采食的精粗比例稳定、营养浓度一致的全价日粮。

该技术可以有效地发挥奶牛不同阶段的生产性能,使之最大化。使瘤胃发育、生长速度、体高生长、奶产量、繁殖率达到生理高点。经营利润同步增长。

采用 TMR 技术,有优点也有缺点。要有相当规模的机械设备和适应这些设备操作的场舍等建筑配套设施：奶牛要适时分群，每群牛要达到一定数量；饲料粉碎细度，混合均匀度及多种配方等问题，对中小型牛场适用性不大。

要根据牛场规模大小，投资程度来决定。TMR 技术有它的科学性、实用性、先进性，但不能盲目采用，尤其奶农户更不能随意采用或购买 TMR 全混饲料。因为它的针对性很强。

四、精料颗粒化全混合日粮（TMR）饲喂工艺与模式

精料颗粒化 TMR 较精料散状 TMR 可明显提高氮的留存率；精料颗粒化 TMR 可满足不同生长发育阶段奶牛的营养需要，可有效开发利用当地尚未充分利用的饲料资源；可改善日粮适口性，有效防止挑食；可提高反应动物干物质采食量和日增重；可增加采食次数和非蛋白氮的利用。精料颗粒化全混合日粮营养均衡，牛采食后瘤胃内可利用碳水化合物与蛋白质分解利用更趋于同步，有利于维持瘤胃内环境的相对稳定，有利于提高饲料利用率，减少酮血症、乳热症、酸中毒、营养应激等病发生。

1. 精料颗粒化 TMR 饲养技术关键点

根据产奶量和能量消耗预测，根据饲养方式计算出理论值，结合奶牛胎次、泌乳阶段、体况、乳脂、乳蛋白和气候推算奶牛实际颗粒料的采食量。

建立饲喂站，24 小时内分 5 次补给精料。

2. 饲料颗粒化 TMR 饲喂技术设备的选择条件

根据奶牛场的建筑结构、喂料道的宽窄、牛舍高度和牛舍入口等来确定合适的搅拌机容量和输送方式。

根据牛场实际情况，选择颗粒化饲料制作设备，或选择商品颗粒料。

搅拌机最好选择传送便利、维修方便的立式混合机。

3. 精料颗粒化 TMR 饲养技术制作工艺流程

首先是选择全混日粮的机型。

混合内容：

（1）铡切长度适宜的粗饲料。

（2）含水适宜的精料颗粒。

（3）其他混合成分。

混合料配方是按照干物质采食量和奶牛的生产性能制订的。要求混合均匀、湿度适宜。

4. 采用精料颗粒化 TMR 饲养技术要注意的问题

（1）结合实际情况进行应用设计。

（2）奶牛合理分群。

（3）相配套的基础设施建设和改造要到位。

（4）加快奶牛的数字化、智能化、网络化管理系统的建设。

（5）加大培训力度，提高工作人员业务素质。

5. 从传统奶业转向现代奶业的核心是提高牛场的管理和效益。提高管理能力要靠先进的计算机软件和饲喂站。我国的奶牛普遍不整齐，有高产牛，也有低产牛，它们的营养供给完全靠饲养人员的感觉和情绪，饲养人员的人为因素很大。现在的 TMR（全混合日粮）饲喂法，也只能保证奶牛吃一样的饲料，不能充分体现个性化饲喂。目前我国大部分奶牛场的奶牛正向高产整齐化发展，对于实施 TMR 饲喂法创造条件。为了提高低产牛或某个体牛的产量，需要细分每一头牛的饲养需求，达到个体化饲养。通过计算机控制奶牛的采食量，即使不能做到每一头牛一种 TMR 全混料，也要按产奶量或不同生产时期分组饲喂。用这种 TMR 法饲喂的称饲喂站或精料补饲站。

通过对奶牛产奶量每天监测一次，然后根据 7 天或 3 天的产奶量人工设定加料或减料。配精料有两种方案,一种是在饲喂站外面放或建一个带输送器的饲料塔,将料直接投在饲喂站里;另一种是人工加在饲喂站上面的料斗里。

这种方法能让所有的牛在不同阶段,把最好的产奶潜力发挥出来。

提高产奶量不只是饲喂含高蛋白高能量的日粮,更应该注重饲喂过程的合理性,饲料含量比例的正确性,关注动物的总体健康。

五、奶牛群生产性能的测定(DHI)

通过测试奶牛的产量、乳成分、体细胞数,并收集牛场系谱、胎次、分娩日期等资料。应用 DHI 软件进行系统分析,形成能够反映奶牛场配种繁殖、饲养疾病、生产性能等报告。据此进行有序高效的生产管理,并为饲养管理者提供决策依据。

1. 测定项目及其作用

(1)测定产奶量,提供个体产奶量的精确值,该指标可用于分群管理。

按群或个体的生产水平设计满足要求的饲料配方。

(2)前次奶量:用来比较饲养方法、管理制度变更后的生产水平变化情况,预测生产情况,发现生产中的问题。该指标可作为牛群变动的依据,二次奶量可以比较个体的泌乳持续性。

(3)泌乳天数:反映牛群繁殖性能高低及产犊间隔长短。

表 1 - 4　　　　正常泌乳持续性指标表　(单位%)

胎次	0 ~ 65d	65 ~ 200d	≥200d
一胎	100	96	92
二胎以上	100	92	86

注:d 指日

（4）效正奶量：比较不同泌乳阶段牛的产量或同一个体相邻泌乳月产奶量的变化。正常泌乳保持时间为 305 天，产后 60 天内配种准胎。

（5）乳脂率、乳蛋白率：反映牛奶品质，培育高性能优良奶牛，提高奶牛营养状况。

（6）脂蛋白：检查牛个体的日粮结构是否合理，目前国际上正研究适当降低脂蛋白。

（7）体细胞数：用来诊断是否患有隐性（显性）乳房炎。

（8）奶量损失：可以计算出经济损失，据报道预防高 SCC（隐性乳房炎）的花费所得到的回报比治愈乳房炎的回报要高得多。

（9）峰值奶量：峰值奶量推动胎次产奶量的提高。

（10）峰值日：牛一般在产后 40～60 天出现产奶高峰。

（11）305 天预计奶量：为早期淘汰牛提供依据，与效正奶量结合，作为牛场生产预算的依据。

表 1-5　　　　　　　体细胞与乳房健康状况关系表

牛奶体细胞数（个/mL）	乳房健康状况
＜10 万	良好
10～20 万	较好
20～50 万	有患隐性乳房炎的可能
50～75 万	已患隐性乳房炎
75～100 万	极差
＞100 万	乳房炎牛

表1－6　体细胞与305天潜在奶损失关系表　（单位千克）

体细胞数		15.1 万	30.1 万	50.1 万	
（个/mL）	<15 万	30 万	50 万	100 万	>100 万
一胎牛	0	180	270	360	454
二胎牛	0	360	550	725	900

2.测试所需设备

牛奶成分快速分析仪,牛奶体细胞快速计数仪,流量计,恒温水浴箱,采样瓶,奶样运输车,相关化学试剂,计算机,及相应的分析软件。

3.测试所需材料的准备

（1）乳样准备:每头牛每个测试日取大约40毫升奶样,日三次挤奶按4:3:3比例取样,两次挤奶按6:4比例取样,奶样存放条件是含防腐剂的奶样在2℃～7℃下,安全存放≤7天。

（2）资料准备:第一次进入DHI系统需提供胎次、产犊日期、生日、系谱、产奶量等资料。从第二次开始每月提供测样日奶产量报表、繁殖报表、干奶牛报表、牛只淘汰表、新近育成牛需加系谱、生日报表。

（3）运输:瓶盖、顺序、是否倒置、防日晒。

（4）测试间隔及测试对象:间隔21～42天后所有泌乳牛在产后1周开始检测。

（5）操作过程:

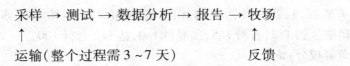

采样 → 测试 → 数据分析 → 报告 → 牧场

　↑　　　　　　　　　　　　　　　↑

运输（整个过程需3～7天）　　　　反馈

六、奶牛群智能化、网络化、机械技术以及信息技术改造奶牛传统饲养

（一）使用自动识别监控系统

奶牛去到固定床位，牛栏自动打开，给料、电脑识别系统多方面记录定位入栏奶牛的各项生理指标，及所需营养成分，显示出奶牛机体物质代谢。然后根据入栏牛的生产性能自动设计，提供合理的优良日粮配方。

（二）在牛舍内安置程控设备

保持舍内的温度，湿度及空气流通，有利于充分发挥奶牛的生产性能，利用图像测量技术进行奶牛体型线性评定，同时也可利用此技术监测后续奶牛各阶段生长发育情况，此技术不直接接触和干扰监测对象，使结果更客观公正，减少手工操作的工作量和接触动物的危险性。

奶牛的高效饲养作为一种环保产业，强调农业生态系统总体效益的提高和产出结构优化，强调饲养管理各要素的整体性、综合性、协调性的有机统一，强调开放性与稳定性的有机统一，以协调经济发展与环境之间，资源利用与保护之间的关系，形成生态和经济的良性循环，实现奶业的可持续发展。

举例：

北京沧达福奶牛场散栏饲养泌乳期全混合日粮（TMR）

配方：精饲料 10 千克/头·日，青贮饲料 20~25 千克/头·日，羊草 3 千克/头·日，苜蓿干草 3 千克/头·日。

精补料配方：%

玉米 48.9，麸皮 12，豆粕 8，棉粕 12，菜粕 8，花生粕 5.0，苏打 1.2，磷酸氢钙 1.2，石粉 1.5，预混料 1.0，盐 1.2 合计 100。

营养成分：%

干物质 89.7,产奶净能(MJ/千克)6.72,粗蛋白 19.5,粗脂肪 2.65,粗纤维 4.72,钙 0.92,磷 0.71。

七、在我国怎样普及推广高效奶牛饲养技术

目前在我国普及奶牛现代化高效饲养技术还有一定难度。根据一些先进国家发展养牛的经验看,我国奶业尚处于发展的初级阶段。无论在奶牛良种率、奶牛单产、养殖规模、规范化饲养水平、疫病控制水平和意识,原奶的质量、科技入户率,奶农自身的教育水平、科技水平等多方面与先进国家存在着一定差距。尤其近几年,在奶业迅速发展的大潮中,有些农民从来没见过奶牛,突然养起奶牛来,措手不及,发生了许多不应该发生的事。与美国等养牛国家父子几代养牛,硕士养牛的经验积累、科技应用、规模效应等多方面无法相比。

为此我们在大力推广现代化高效饲养技术的同时,必须做好几件事,向高效奶牛养殖业过渡。

1. 着力提高奶牛饲养者的科技意识和科技能力。

2. 着力提高养殖规模。

3. 着力推进奶牛品种改良,提高奶牛单产。做到奶牛良种化。

4. 理顺企业与奶农的关系,共同投入,共同受益。

5. 建立高产奶牛园区和现代化奶牛养殖园区。

为此,要推广胚胎移植、性别鉴定,引进先进设备、先进技术,使奶牛饲养由粗放型向集约、科学型转变。

第四节　奶牛分阶段饲养管理技术

　　这一节将从我国实际情况出发,根据有关规定和实践经验,从规范化、标准化角度详细地介绍奶牛分阶段饲养管理的要点。

　　在分阶段饲养中,重点是围产期饲养。围产期饲养可以分为:

　　1.产前饲养:主要是指干奶期维持和储备饲养。

　　2.临产饲养:在临产期一般奶牛少有食欲,有的奶牛食欲正常,此时一定要给优质饲草,不能给精料,更不能让其吃得过多。此时以优质牧草填充瘤胃可以预防真胃变位等产后疾病的发生。

　　3.产褥期饲养:原则是:

　　(1)少食,尤其少给浓厚的精料。

　　(2)充分休息,适当活动;充分饮给保护性、保健性饮品;冬季要饮温热的饮品。

　　(3)一定要给切短、揉碎的优质饲草,切不可喂粉状的霉败的饲草料,日粮中保证适当的纤维量,以促进产后瘤胃功能的常态化。

　　(4)勤添少给。

　　(5)密切监护产褥期奶牛的食欲、精神状态、体温、起卧的灵活性和姿势,以及产道分泌物、胎儿排出时间等。

　　4.增奶期饲养:(详见"泌乳初期饲养")

　　奶牛从干奶期进入围产前期(产前20天),日粮中适当提高精料量,以促进瘤胃微生物的转变与瘤胃乳头突起恢复生长,激发免疫系统,减少产后代谢病的发生。每天可以增加精料0.3~0.35千克;总量达到多少,要从实际情况出发,不能使母牛过肥。

干物质采食量约为 13 千克,粗蛋白 12% ~13% ,其中非降解蛋白占粗蛋白的 23% ,精粗比为 30:70;同时要保证饲喂一定量的干草,以利微生物及瘤胃功能的充分发挥。

为了预防产后低血钙等代谢病,产前 15 天开始添加阴离子盐,每头每日给 300 ~350 克。停喂豆粕、食盐、碳酸氢钠。一直喂到产犊开始。

母牛分娩后 0 ~5 天,为保护性产期饲养。

分娩后即饮给37℃~40℃麸皮、红糖水 15 ~20 千克(麸皮 1 ~2 千克,盐 100 ~150 克,碳酸钙 50 ~100 克,红糖 1 千克,热水 10 ~20 千克)暖腹充饥,增加腹压,每日一次,连饮 3 天。

挤奶和恢复期饲养见"泌乳奶牛饲养管理"一章。

一、干奶牛的饲养管理

(一)干奶的目的和意义

奶牛完成一个泌乳期之后,体内消耗了大量营养物质,身体极度疲劳,需要有一段休整的干奶期。

干奶期是奶牛恢复、提高体质和乳腺功能、贮备下一个泌乳期营养物质、保证胎儿正常生长发育的生产阶段。虽不直接创造经济效益,但一定要重视它的饲养管理,是创造更大经济效益的贮备阶段。

干奶时间:根据奶牛个体产奶量和体质状况来决定。一般是在预产期前 60 天左右停奶。对产奶期不足 200 天,产奶量日均不到 10 千克的奶牛应淘汰,或早停奶,减少支出。干奶期一般为 60 天,前 45 天为干奶前期,后 15 天为干奶后期,也称围产前期。

(二)停奶方法

1. 自然干奶法:奶牛在预定停奶时,日产奶量在 10 千克以下,可按计划停止挤奶。也称快速停奶。

2.人工干奶法:到预定干奶时,产奶量在 10～15 千克,可采用人工干奶法。具体做法:在干奶前 4～5 天停喂精补料,只喂优质干草,限制饮水量,减少挤奶次数,停止乳房按摩,使其在 4～6 日内完成干奶,这是大多数中产牛采用的方法。同时增加运动,改变挤奶的地点、方式、次数等。

干奶时挤奶次数,第一、二天由两次改为一次,以后隔日一次。第五或第六天,尽量挤尽各乳区的奶,进行干奶处理。

通过改变产奶环境,降低泌乳刺激,可以减少奶产,达到干奶的目的。

3.逐渐干奶法:此法适用于高产奶牛,干奶前产奶量在15～20 千克/日的奶牛要提前 10～20 天逐渐减少精料、多汁料,限制饮水次数和量,延长活动时间,减少挤奶次数,停止乳房按摩,在 10～20 日内逐渐停奶,因为产奶量高突然停奶会发生乳房炎。

干奶时乳房和乳头的消毒处理:

实施干奶时挤尽最后一把奶,用 0.1% 新洁尔灭温水洗尽乳房、乳头,乳头口用 3% 碘酊浸泡消毒 3 分钟。然后向各乳区灌注青霉素 400～1200 万单位,链霉素 3 克,溶于 5% 葡萄糖注射液中注入乳池(最好用缓释抗菌药以延长其抗菌时间,有的可延长 21 天)。揉匀,立即向每个乳头、乳池中注入 10 毫升金霉素软膏或干乳灵等成药。软膏类在注药前放入温水中软化。最后用火棉胶封闭乳头。如无火棉胶可在乳头下端涂抗生素软膏。

封闭后要经常检查乳房、乳头,如发现红肿、热感较严重,可在挤出残奶后照上法处理,防止胀坏乳房。如肿胀轻,可自行吸收。

（三）干奶牛的营养需要

干奶期是奶牛蓄积营养的时期。同时供给和维持妊娠的营养需要，要求干奶牛体况良好，但不过肥。对营养状况差的高产牛要提高饲养水平，使其体重比泌乳盛期增加 12% ~15%，达到中上等体况，以保证其正常分娩并在下一个泌乳期提升产奶量。一般体况较好的干奶牛可以少喂精料或不喂精料，只给优质饲草。但要测定饲草营养是否够用，不可盲目停喂精补料，以免因为营养不足而影响妊娠和营养储备。

奶牛干奶期营养需要，日粮干物质占体重的 2.0% ~2.5%，每千克干物质含奶牛能量单位 1.75，粗蛋白 11% ~12%，钙 0.6%，磷 0.3%，精粗比 25:75。粗纤维含量不低于 20%。

不同阶段的营养需要（详见表 1-7）

此表参照中国农业部《高产奶牛饲养管理规范》制订。

干奶牛日粮：以泌乳期产奶 4000 千克以上体重 500 ~600 千克妊娠干奶牛为例，精补料 3 ~4 千克/头日（约为体重的 0.8% ~0.9%）。

粗料（头日量）：玉米青贮 10 ~15 千克，优质干草 3 ~5 千克，糟渣类、多汁类不超过 5 千克，精粗比（干物质计）为 40% ~60%，粗纤维含量不低于 20% ~23%。干奶后期，根据奶牛体况增加日粮浓度，满足产后营养需要。

其精补料参考配方（%）：

玉米 55、麸皮 15、豆粕 1.5、葵粕 9、菜籽粕 6、胡饼 5、酵母粉 2、碳酸氢钙 2、石粉 1.6、食盐 1、多种微量元素 0.5、维生素 A、D、E 等约 0.5。

粗蛋白含量为 15.3%。

表1－7 　　　　　　　　　干奶牛营养需要量表

妊娠天数	240	270	279
未孕时体重（千克）	730	751	757
月龄	57	58	58
干物质采食量千克	14.4	13.7	10.1
泌乳净能（mcai/天）	14.0	14.4	14.5
代谢蛋白质（g/天）	871	901	810
瘤胃可降解蛋白（g/天）	1114	1197	965
瘤胃非降解蛋白（g/天）	317	292	286
粗蛋白 %	9.9	10.9	12.4
最高非纤维性碳水化合物 %	42	42	42
日粮钙含量%	0.44	0.45	0.48
可吸收钙（g/天）	18.1	21.5	22.5
日粮磷含量%	0.22	0.23	0.26
可吸收磷（g/天）	19.9	20.3	16.9
维生素 A（IU/天）	80300	82610	83270
维生素 D（IU/天）	21900	21530	22710
维生素 E（IU/天）	1168	1202	1211

＊资料来源:《奶牛营养需要》中国饲料工业协会译,美国 NRC 2002 年出版

（四）干奶牛饲喂方法

1. 一般饲喂法

在停奶期间为了防止停奶造成乳房炎发生,可停喂精料,只喂

优质饲草。待乳房干瘪后,逐渐加料,以防加料过快产奶反弹。根据奶牛体况加到 4 ~ 6 千克。产前 10 天开始减精补料。甚至只喂干草和麸皮。以防产前泌乳旺盛,发生严重的乳房水肿。同时开始注射维生素 A、D、E 和亚硒酸钠以提高免疫功能,预防乳热症的发生,在产前 15 ~ 20 天每日喂给"康贝"或"普利菌"生物制剂 20克,可调整瘤胃 pH 值,防止酸中毒,增加瘤胃内有益微生物数量,还可预防乳房疾病等。

2. 引导饲养法

(1)从干奶期最后 2 ~ 3 周起,在喂 2 千克精补料的基础上,逐日增加 0.5 千克。达到每 100 千克体重喂 1.0 ~ 1.5 千克为止。例如 500 千克体重日喂 5 ~ 7.5 千克。

(2)在分娩后逐日递加 0.5 千克精补料,直到母牛达到最高产奶量,引导刺激泌乳,提高产奶量。

(3)测定奶产量调整精料给量,从产犊 2 周后起每周测一次奶产量,到产奶不增加,则不加料。还必须掌握增料成本低于增奶价值,对没有增奶反应的牛降精料(传统计算法每 1 千克全价精补料产奶约 3 千克)。

优点:在分娩前使瘤胃微生物较早适应高精料的瘤胃环境,使母牛在泌乳早期最需能量的关键时刻能够得到丰富的能量,使母牛充分发挥产奶能力,减少酮病的发生,维持早期泌乳牛的体重。

注意:分娩前喂高精料可能引发较高的乳房水肿发生率。但据调查与低精料比差异不大。高精料导致的乳房炎发生率高的原因之一是产奶量高增加了乳房的生理负担,导致隐性乳房炎的急性发作。采用引导饲养法时要及时测定母牛对多余精料的反应,对没反应的及时淘汰或降精补料。

3. 脱钙饲养

为了提前动员机体脱钙机制,产前喂低钙日粮。

其营养需要:

产前两周:干物质占体重的 2.5% ~ 3%,每千克干物质含奶牛能量单位 2.0,粗蛋白 13%、钙 0.2%、磷 0.3%。分娩后立即改为钙 0.6%、磷 0.3%。精粗比 40:60,粗纤维 23%。

4. 产前低营养水平饲养法

采用产前低营养饲养法,要根据奶牛体质来定,如果本身营养状况不佳,再采用低营养饲养会直接影响胎儿发育和奶能储备。据吉林大学李淑玲报道,产前低营养水平可以提高产后采食量及产奶量。

产前营养水平对奶牛产后干物质摄入量、奶产量的影响:

将围产期健康奶牛 30 头随机分为三组,分别于产前 28 天开始饲喂标准日粮,营养水平增加 20% 的日粮和降低 20% 的日粮。产后各组奶牛均饲喂标准日粮,直到产后第 56 天。结果表明产前低营养水平饲喂不仅提高了产后奶牛干物质摄入量、产奶量,而且提高了产后奶牛血浆神经肽(NPY)的浓度。

表1－8　　　　　　　　　日粮配方表

项目	产前			产后
	I	II	III	
精补料%				
玉米 %	60.76	60.62	49.47	52.72
豆粕	17.13	16.3	15.11	27.06
棉籽粕				4.92
豆油	1.00	2.00		2.0
蛋白粉		1.98		1.96
麸皮	13.96	11.04	27.77	5.84
葵花粕	4.15	4.06	4.15	
磷酸氢钙	1.00	1.00	1.50	1.00
预混料	1.00	1.00	1.0	1.0
石粉		1.00		1.00
食盐	1.00	0.80	1.0	1.00
小苏打		0.20		1.5
粗饲料 千克				
玉米青贮	5.2	5.1	4.8	23.0
甜菜渣	1.1	2.1		3.1
羊草	6.4	5.7	7.1	5.0
精料 千克	5.2	6.2	3.8	11.2
日粮精粗比	精37.53	42.83	34.04	43.78
	粗62.47	57.17	65.96	54.22

表 1 - 9　　　　　　　　　　**营养物质表**

650 千克奶牛营养物质摄入量				
	I	II	III	产后
能量 （NND/日·头）	21.2	25.43	17.1	30.9
干物质 （千克/日·头）	11.89	12.76	10.5	22.98
粗蛋白 （g/日·头）	1117.0	1353	908.7	2895.0
粗纤维 （g/日·头）	2818	2736	2675	4551
钙 （千克/日·头）	48.05	56.8	40.28	142.4
磷 （g/日·头）	44.00	52.45	37.44	101.2

表 1 - 10　试验各组奶牛产后干物质摄入量表　（单位：千克）

时间（周）	对照组	高营养组	低营养组
1	9.76 ± 0.25	8.06 ± 0.55	10.08 ± 0.17
2	14.48 ± 0.31	12.11 ± 0.25	15.42 ± 0.48
3	17.96 ± 0.68	15.76 ± 0.39	18.77 ± 0.66
4	19.99 ± 0.51	16.93 ± 0.37	20.82 ± 0.17
5	20.77 ± 0.22	17.24 ± 0.52	21.63 ± 0.12
6	20.91 ± 0.17	18.29 ± 0.8	22.32 ± 0.55
7	21.42 ± 0.27	18.34 ± 0.62	22.97 ± 0.33
8	21.78 ± 0.37	18.72 ± 0.66	23.13 ± 0.59

表 1 – 11　　　　　试验各组奶牛产后产奶量统计表

时间(周)	对照组	高营养组	低营养组
1	18.10 ± 0.38	14.89 ± 0.37	19.23 ± 0.18
2	22.24 ± 0.24	17.63 ± 1.05	23.58 ± 1.78
3	25.52 ± 0.27	21.06 ± 0.38	27.56 ± 5.07
4	27.75 ± 0.49	24.42 ± 0.88	29.50 ± 0.33
5	28.54 ± 0.28	25.11 ± 0.98	29.65 ± 0.32
6	26.88 ± 0.31	23.49 ± 0.47	28.86 ± 0.62
7	26.2 ± 0.53	23.31 ± 0.59	27.91 ± 0.72
8	26.08 ± 0.46	23.36 ± 0.72	27.54 ± 0.62
第八周	比对照	降 10.42%	增 5.59%

本试验围产期产前低营养饲养产后干物质采食量增加 3% ~ 7%;高营养饲养产后干物质采食量降低 12% ~ 17%,说明产前营养水平对奶牛产后干物质采食量的增加、食欲的恢复产生明显影响。低营养饲养产后食欲恢复快,采食量大,采食量增长幅度大,能提前达到采食高峰,而高营养饲养则恢复慢,采食量小,变化幅度小,高峰来的迟。

产前低营养饲养奶牛产后的泌乳量增加 5.6% ~ 8.0%,高营养则降低 10.8% ~ 20.7%,低营养饲养奶产上升快、幅度大,高峰后下降缓慢。

5. 奶牛干奶期使用阴离子添加剂饲养法

近年来,干奶期奶牛的营养和管理受到广泛的重视,进行了多方面的研究,除重视常规营养物质的应用,还提升了多种添加剂的使用。

分娩前奶牛的日粮普遍偏碱性,由于大多数饲料的离子平衡为正值或接近正值,利用常用的饲料来降低离子平衡并不实际。在分娩奶牛日粮中添加阳离子盐类如碳酸氢钠更增加了日粮的碱性,从而增加了低血钙的危险。通过在日粮中添加阴离子盐类来酸化日粮。阴离子盐类是指那些氯离子和硫离子相对高而含钠、钾低的矿物质盐类。

添加阴离子添加剂可有效提高干奶期奶牛的血钙浓度,减少低血钙症的发病率,预防产后瘫痪、酮中毒、胎衣滞留、子宫内膜炎、真胃移位等疾病。(具体使用方法可参照生产厂家的说明)

动物细胞只能利用离子化钙,而结合在清蛋白上的钙离子在使用之前,必须从蛋白上分离出来,当日粮中阴离子浓度超过阳离子浓度时,就会使激素调节的骨钙动用机制得以充分发挥。此时血钙上升,可以预防乳热症的发生。

注意:上述 1 为常用的干奶牛喂法,2、3、4 三种饲喂法各有不同的饲喂目的,应根据奶牛个体情况决定,采用哪一种。

(五)干奶期管理

1. 禁止喂腐败发霉、冰冻、变质的饲料。

2. 每日缓步运动 2～3 小时,避免顶撞、拥挤。

3. 冬季饮温水(10℃以上),决不饮冰水。

4. 注意观察乳房变化,临产征兆及精神、食欲等。

5. 接近预产期或有产前征兆的干奶妊娠牛要及时移入产房。

6. 在干奶初期经常观察乳房变化,以防胀坏或发生乳房炎,一旦肿胀严重要重新挤奶,并治疗乳房炎。一般在干奶后 5～7 天,乳房开始缩小。

7. 防病措施

产前一周开始,每日肌注维生素 D_3 10000IU 防止产后瘫痪,也可喂低钙日粮。

产前 8 天开始,每日喂烟酸(维生素 PP 尼古丁酸)4～8 克,防止酮病。

产前 9 天开始,每日肌注孕酮 100 毫克。预防胎衣不下。

二、奶牛妊娠管理

妊娠管理是一个十分重要的环节,它直接影响奶牛的效益。

1. 怀孕诊断

尤其是怀孕早期诊断,对于提高受胎率,减少流产与空怀具有重要意义。配种后经检查发现未受孕,要及时补配,如已怀孕,则要加强对孕畜的饲养管理,以防流产及其他产科疾病的发生。

母牛配种后要进行 3 次妊娠检查,第一次在配种后 60～90 天,第二次在配种后 3～5 个月,都采用直肠检查法,第三次在停奶前,可用腹壁触诊法,也可在配种后 30～60 天采用超声波、多普勒妊娠诊断,观察孕角孕囊的发展情况,以及配种 22 天～24 天采集牛奶应用放射免疫进行早期妊娠诊断,主要目的是检出未受孕母牛。

2. 奶牛的妊娠期及预产期测算

黑白花奶牛妊娠期在 255～305 天之间,平均 280 天,青年母牛比经产母牛妊期少 3 天,怀母犊比怀公犊少 2 天,怀双胎比单胎少 4 天。

奶牛预产期测算法:

"月减 3,日加 5"预产月作为配种月份减去 3,如果配种月份小于或等于 3,则先加 12(月)再减 3,预产日期为配种日期加 5,如果配种日期在月底,加 5 后预产日期就推到下月初。

3. 奶牛流产发生率,流产原因及流产类型

奶牛人工受精的流产发生率为 10% 左右,胚胎移植的流产发生率为 15% 左右。

流产的原因分为传染性和非传染性流产两种。传染性流产是传染病的一种症状,大多数为非传染性流产。非传染性流产有营养性、药物性、症状性流产。

根据流产的月龄及胎儿的变化,流产可以分为以下几种类型:

(1)隐性流产:即早期胚胎死亡,发生在妊娠早期 1 ~ 2 月龄,占流产的 25%。

(2)小产:排出未经变化的死胎,发生在妊娠中后期,占流产中的 49.8%。

(3)干胎:胎儿死亡后滞留在子宫内,由于宫颈口关闭,胎儿水分被吸收,发生干尸化。死胎多发生在 4 ~ 5 个月,占流产中的 24%。

(4)胎儿浸溶:胎儿死亡、腐败。胎儿软组织被溶解流失,骨骼滞留在子宫内,死胎月龄与干胎相近。占流产 0.9%。

(5)胎儿增大:胎儿死亡后,由于腐败菌侵入子宫,胎儿腐败分解,产气,使胎儿增大造成难产,临床少见,约占 0.3%。

为确保奶牛正常配种繁殖,顺利完成妊娠过程,要做到科学合理地饲养管理、疫病防治。(详见"奶牛流产"一节)

三、泌乳奶牛的饲养管理

泌乳期是奶牛的一个重要生产阶段,必须加强饲养,细心管理。营养不能过盛,更不能缺少,要配置的科学合理,否则会发生疾病造成减产,甚至会影响以后的泌乳能力。

妊娠泌乳牛的营养需要包括产奶需要、维持正常身体活动的需要和胎儿生长的营养需要。

1. 奶牛的营养分配和利用

在奶牛对营养物质的消化利用过程中,粪能损失食入总量的 30%,其余 70% 转化为消化能,其中尿能维持体温消耗总能的 30% 左右,剩下 40% 的净能用于生产。从生物特性上讲,维持和繁殖是第一需要,但目前高产奶牛营养分配是首先满足生产需要。在泌乳期间除由日粮中摄取所需的能量和其他营养物质外,还要通过动员体内组织营养满足生产需要,因此在泌乳高峰期体内营养处于负平衡状态,体重会不同程度的下降。为此在此阶段要采用高能高蛋白的高精料饲养方式,把体重下降控制在允许范围内。

2.影响干物质采食量的因素

许多因素会影响干物质的采食量。

(1)与泌乳的关系

泌乳奶牛产奶能量消耗高峰常在分娩后 4～8 周,而采食量的高峰出现在分娩后 10～14 周,相对滞后。采食量的增加是由于产奶量的增加而提高的。

(2)日粮含水量

干物质的采食量与日粮中高水分含量存在负相关的关系。当喂含水量超过 50% 的发酵饲料(如青贮玉米)时,含水量每增加 1%,总的干物质采食量会下降 0.02% 体重。饲喂高水分发酵饲料引起干物质采食量下降的原因是发酵产物而不是水分本身造成的。

(3)中性洗絛纤维含量的影响

在日粮中中性洗絛纤维含量高时,瘤胃容积限制干物质采食量;而在日粮中中性洗絛纤维低的情况下,能量摄入量抑制干物质采食量。

日粮中中性洗絛纤维在 25%～42% 之间变化时干物质采食量变化小于 1%。

(4)精粗比例影响干物质采食量

饲草纤维数量和消化率以及丙酸等的含量,是限制性因素,对干物质采食量有影响的主要不是精粗此例。因此在日粮中搭配精粗饲料主要目的是保证饲料中有足够的纤维含量。干草、青贮的供给量至少应占干物质的 1/3,粗纤维含量不低于 15%。实践中选用的粗料必须是优质的干草、青贮、青草、苜蓿等。以青贮为主的日粮中青贮与干草比应为 2:1,不能喂单一青贮料。

（5）日粮中脂肪与采食量的关系

当以脂肪代替碳水化合物作为能源的日粮时，干物质采食量下降。脂肪可能抑制瘤胃发酵和纤维的消化。

（6）奶牛行为和环境因素影响采食量

干物质采食量与奶牛在牛群内地位差异有关，初产奶牛泌乳期内干物质采食量高峰来的时间较经产牛晚，但高峰过后维持高采食量的时间较长。所以经产牛与初产牛必须分群饲养。分群饲养后，初产牛305天增产奶725千克。

在有竞争的情况下奶牛采食量增加，而采食时间会相对减少。

奶牛低头采食比水平采食能多生产17%的唾液，这就意味着会提高消化率。

气温的影响，奶牛最适温度是5℃～20℃，热应激时比适中温区干物质采食量降低55%，营养的维持需要增加7%～25%，而冷应激对采食量影响不大。

饲喂方式：全混合日粮比精粗分开饲喂瘤胃发酵好，产奶量差别不大，干物质采食量以全混合日粮采食量较大。

饲喂次数的影响：由日喂1～2次增加为4次，奶牛日增重增加16%，干物质采食量增加19%，乳脂率提高7.3%，产奶量增加2.7%，单纯精料饲喂次数增加，影响不大。

饲喂顺序：早晨必须先草后精。精料中发酵能力高的碳水化合物能引起瘤胃酸性环境，会降低采食量和消化纤维的能力。如果先喂草，在瘤胃中形成草团，为唾液在瘤胃中继续消化提供了保护。

3.泌乳期产奶量的变化

高产奶牛具有很高的产奶性能。奶牛每生产1千克奶，大约需要500多千克的乳房血流量，由血循环带来大量营养物质用于产奶,所以奶牛的泌乳期必须供应充足的易被奶牛吸收利用的营养物质。高产奶牛的泌乳期人为控制在 305 天,目的是为了充分发挥高产奶牛的生产效应,留足下次产奶的储备时间。低产牛的奶期有的达不到 305 天。

在泌乳期内,不同的阶段产奶量的变化有一定的规律。一般奶牛从泌乳开始,产奶量逐步增加,约在 6 ~ 8 周达到高峰,高峰期可维持 20 天左右,然后以每月 4% ~ 8% 的速度下降。到妊娠 5 个月之后(即泌乳期第七、第八个月之后)产奶量显著下降,这是由于内分泌激素所控制的黄体素作用加强,使生乳素的活性受到限制,而使泌乳量迅速下降直至停止,进入干奶期。

体重在整个泌乳期发生变化。在泌乳前期由于泌乳量高,采食量低,母牛体重下降快,当食欲恢复以后干物质采食量增加,只要饲养科学合理体重又会缓慢增加,恢复到正常体重。到后期体重由于胎儿和母亲同时增重而增加。

4. 泌乳奶牛的营养需要和饲养标准

泌乳奶牛需要充足的能量,如蛋白质、纤维素、矿物质和维生素等全面的营养物质。奶牛饲养和饲料供应原则上要考虑营养的均衡性,日粮的适口性和饱腹性。特别需要指出的是,奶牛是反刍动物,日粮必须保证有一定的粗纤维,含量应不低于 12%(干物质计算),它的作用不仅在于饱腹性,它可以促进咀嚼,刺激增加唾液分泌量,提高瘤胃的功能和活动;所以泌乳奶牛必须获得优质的苜蓿草、青干草和优良的秸秆以及青割草。青割草含水量高。

奶牛维持代谢的营养需要和每产 1 千克牛奶的营养需要,见表 1 - 12 和表 1 - 13。泌乳初期营养需要和日粮要求见附表 1 - 14 和表 1 - 15。

表 1 - 12　　　**成年母牛维持代谢的营养需要表**

体重（千克）	日粮干物质（千克）	奶牛能量单位（NDD）千克	产奶净能（兆焦）	可消化精蛋白（克）	粗蛋白质（克）	金属（克）	磷（克）	胡萝卜（克）	维生素 A（国际单位）
350	5.02	9.17	28.79	243	374	21	16	37	15000
400	5.55	10.13	31.80	268	413	24	18	42	17000
450	6.06	11.07	34.73	293	451	27	20	48	19000
500	6.56	11.97	37.57	317	488	30	22	53	21000
550	7.04	12.88	40.38	341	524	33	25	58	23000
600	7.52	13.73	43.10	364	559	36	27	64	26000
650	7.98	14.59	45.77	386	594	39	30	69	28000
700	8.44	15.43	48.41	408	628	42	32	74	30000
750	8.98	16.24	50.96	430	661	45	34	79	32000

　　注：对第一个泌乳期的维持需要按上表基础上增加 20%，第二个泌乳期增加 10%。

表 1 - 13　　　　**每产一千克奶的营养需要表**

乳脂率（%）	日粮干物质（千克）	奶牛能量单位（NND）千克	产奶净量（兆焦）	可消化精蛋白（克）	粗蛋白质（克）	金属（克）	磷（克）
2.5	0.31~0.35	0.80	2.57	44	68	3.6	2.4
3.0	0.34~0.38	0.87	2.72	48	74	3.9	2.6
3.5	0.370~0.41	0.93	2.93	52	80	4.2	2.8
4.0	0.400~0.45	1.00	3.14	55	85	4.5	3.0
4.5	0.430~0.49	1.06	3.35	58	89	4.8	3.2

表 1 – 14 泌乳奶牛营养需要表(成年荷斯坦牛体重 680 千克)

泌乳天数	90	90	90	90	11	11	11
产奶量(千克)	25	35	45	54.5	25	25	35
干物质采食量(千克)	20.3	23.6	26.9		13.5	16.1	15.6
泌乳净能(mcol/天)	27.9	34.8	41.8	48.3	27.9	27.9	34.8
代谢蛋白质(g/天)	1862	2407	2954	3476	1643	1725	2157
瘤胃可降解蛋白(g/天)	1937	2298	2636	2947	1421	1683	1634
瘤胃非降解蛋白(g/天)	933	1291	1677	2089	949	863	1405
粗蛋白 %	14.1	15.2	16.0	16.7	17.5	15.9	19.5
最低 NDF %	25~33	25~33	25~33	25~33	25~33	25~33	25~33
最低 ADF%	17~21	17~21	17~21	17~21	17~21	17~21	17~21
最高 NFC%	36~44	36~44	36~44	36~44	36~44	36~44	36~44
日粮含钙 %	0.62	0.61	0.67	0.6	0.74	0.65	0.79
日粮含磷 %	0.32	0.35	0.36	0.38	0.38	0.34	0.42
钾 %	1.0	1.04	1.06	1.07	1.19	1.11	1.24
钠 %	0.22	0.23	0.22	0.22	0.34	0.29	0.34
维生素 A(IU/天)	75000	75000	75000	75000	75000	75000	75000
维生素 D	21000	21000	21000	21000	21000	21000	21000
维生素 E	545	545	545	545	545	545	545

注:NDF:中性洗涤纤维;ADF:酸性洗涤纤维;NFC:非纤维性碳水化合物。

第五节　泌乳奶牛分四阶段饲养管理技术

泌乳奶牛四个阶段划分：

围产后期：指分娩后至第 15 天。

泌乳盛期：指分娩后第 16 天至 100 天。

泌乳中期：指分娩后第 101 天至 200 天。

泌乳后期：指分娩后第 201 天至停奶。

泌乳奶牛实行挂牌管理，分段饲养。按产奶量及时调整日粮标准和饲喂量。

把泌乳奶牛分为四个饲养阶段是根据泌乳奶牛在不同阶段的生理活动、生产力来划分的，目的是最大限度地发挥奶牛的生产能力，降低生产成本，维护奶牛生产能力的可持续性，杜绝掠夺性的生产方式。

一、泌乳初期饲养

泌乳初期奶牛的饲养对今后产奶和健康有很大影响，必须给予重视。

1. 饲养原则

首先要合理配合日粮，照顾刚产母牛的生理特点；日粮组成要多样化，适口性好，易消化，易发酵；饲料日粮要有一定的容积和营养浓度，其次要注意精粗比例搭配。

2. 营养需要

根据中国农业部《高产奶牛饲养管理规范》中提出，围产期奶牛营养需要：分娩前 2 周，饲料干物质占体重 2.5% ~3%，能量单位 2.0, 粗蛋白 13%、钙 0.2%、磷 0.3%, 分娩后立即改为钙 0.6%、磷 0.3%。精粗比 40:60, 粗纤维 23%。

分娩十日后逐步向泌乳盛期饲料过渡。

3. 日粮举例

表 1-15　　　　　　　泌乳前期日粮举例表

日粮组成	日喂量	干物质	NEL	NND	CP	Ca	P	CF
	千克	千克	Mcal	千克	g	g	g	千克
青干草	2	1.46	1.54	2.06	124	10.6	4.2	0.55
玉米青贮	15	3.05	1.05	5.40	270	4.5	9	0.99
甜菜渣	15	1.58	1.83	2.40	225	1.5	24	0.99
啤酒糟	10	1.09	2.01	2.60	5.60	6	4	0.45
豆腐渣	5	0.59	1.56	1.55	150	3.5	1.5	0.08
混合精料	8	7.08	11.88	19.81	44.4	27	21.16	0.52
豆饼	1	0.92	1.84	2.45	313	4.9	3.1	0.06
麸皮	1	0.89	1.44	1.91	146	1.8	7.8	0.14
骨粉	0.2					58.62	26.62	
食盐	0.05							
麻饼	1.5	1.73	2.72	362	453	9.2	8.7	0.20
合计	58.65	19.18	31.17	41.83	3185	151.81	110.52	3.95

混合精料:玉米 40%、高粱 10%、大麦 10%、豆饼 26%、麸皮 10.5%、盐 0.5%、碳酸钙 1.8%、磷酸钙 1.0%、添加剂 0.2%。

此日粮配方适用于城郊舍饲奶牛的饲养,其他可参考。

二、新分娩母牛的饲养及防病措施

母牛刚产完犊,精神放松,身体虚弱,免疫力严重下降。机体代谢功能和营养分配向泌乳转型。此时的饲养管理目标要适应奶牛的生理需求,使其尽快恢复体力,进入泌乳生理的强化阶段。为此,母牛分娩后喂给 30℃～40℃ 温麸皮水(麸皮 1 千克、盐 100克、红糖 1 千克、益母草 500 克煎剂、水 10 千克)让母牛自由饮用,一日两次,连用 3 天后,休息一段时间;奶牛如有食欲,可喂给干草、青贮以及少量精料。青贮玉米酸度大,同时补喂 40～60 克硫酸钠或碳酸氢钠,以缓冲瘤胃内酸度。

分娩后第四天,根据奶牛食欲和健康状况,增加饲料喂量。精料每日增加 0.5 千克,总量达到 6～6.5 千克,但在产后 15 日内禁止加催奶料,更不能使用催奶药,以防泌乳过旺引发乳房炎。

新分娩奶牛头 3 天挤奶要根据奶牛体况和乳房情况决定,为防止乳房炎,要全部挤尽;为防止乳热症,每次不能挤尽。

产后易发生厌食症和真胃移位,预防措施请参阅相关疾病的防治方案。

分娩 4 天以后,逐渐转入正常泌乳牛饲养阶段。

预防奶牛围产期代谢病的饲料配合、要求请参阅本丛书预防奶牛酮病饲料配合方案。

三、产后挤奶及乳房保护

1. 产后挤奶程序

产后 1 小时用温的(55℃～60℃)0.1% 或 0.05% 新洁儿灭溶液、洗必泰水等擦洗,按摩整个乳房、乳头。再用 3% 碘酊或碘伏药浴乳头 2～3 分钟,开始挤奶。弃掉头两把奶,然后挤出约 1/3的初乳,马上喂给初生牛犊 1～1.5 升。每日挤 2～3 次(根据产奶量多少定)每次都不挤净,以防产奶过快诱发乳热症。到第 4 天或第 5 天全部挤净,进入正常挤奶程序。

每次挤奶前都要用温水洗净乳房、乳头,并轻柔地按摩乳房,促进奶牛放奶;挤毕再用温水洗净乳头,用凡士林涂整个乳头及乳头口。能用金霉素或红霉素软膏封乳头口更好,挤完奶给牛喂草,使牛站立到乳头干燥,乳管封闭,并执行一牛一巾制(指擦洗乳头、乳房的毛巾)。

2. 乳房保护

产后乳房都有生理性肿胀和水肿。低产牛肿胀较轻,此时用温热的蒲公英水或高浓度(15%)硫酸镁溶液热敷,每次不少于 20 分钟,一般产后 13 天可以恢复正常,此期间尽量不用通乳针送药,以免带入病菌,形成感染性乳房炎。

3. 挤奶方法

(1)手工挤奶用拳握式,每分钟压榨 80～120 次,每次每头挤奶时间不超过 20 分钟,挤奶顺序为先前再后,挤奶时不得吸烟、聊天,动作轻快,态度和睦,挤奶中途奶牛不安不能打骂,及时检查导致不安的原因,纠正人为因素,治疗乳房、乳头伤病。

(2)挤奶机挤奶:挤奶机脉动动力每分钟 50～70 次,真空压 380mmHg,在挤奶过程中严防脉动过快、真空压过大、挤奶时间过长,挤奶完成后,再用手工将残余奶挤净,挤奶前后操作程序同前,还要注意保持机具的清洁卫生。

开机后,挤奶员不能远离,随时观察情况,挤乳完毕用消毒液泡奶头,消毒液可用:①1%～3%碘酊②0.5%洗必泰。

目前采用的管道式自动挤奶器,自动化、科学化程度高,能够避免环境异味和微生物污染。挤奶时要注意挤奶卫生和挤奶环境卫生,坚持正确的挤奶程序,充分发挥、调动牛体和乳房的自身预防机制是预防和控制乳房(乳腺)炎的重要措施,一定要认真执行。在奶牛疾病治疗中少用或不用抗生素,以提高效益,减少损失,保证牛奶质量。

附:挤奶厅(站)机械化挤奶操作程序

1. 范围

本操作规程规定了奶厅及机械化挤奶的卫生、工作人员、准备工作、开机检查、挤奶、清洗等方面的要求。

本标准适用于奶牛饲养场、奶牛小区的奶厅机械化挤奶生产。

2. 术语和定义

2.1 奶厅、奶牛饲养场、奶牛小区利用大型挤奶设备进行挤奶的车间。

2.2 机械化挤奶,在奶厅内使用大型化挤奶设备对产奶牛进行挤奶的过程。

2.3 脱杯、挤奶牛奶水挤净后、停止挤奶、奶杯脱离乳头的操作或过程。

3. 卫生

3.1 工作人员要勤修指甲,保证着装和手的清洁。

3.2 奶厅内外环境整洁,具有相应的物品储存设施,物品摆放有序。

3.3 设备、器具表面干净无灰尘、无污垢。

3.4 每次挤奶后及时清除杂物,然后用水冲净地面,地面不得残留奶液、积水。

3.5 夏季每半个月、春秋季每一个月对挤奶厅、贮存室环境消毒一次。

3.6 挤奶前刷拭牛体,保持牛体清洁。

3.7 经兽医检验,结核病、布氏杆菌病呈阳性反应的奶牛,禁止进入挤奶厅挤奶。

3.8 产犊后 7 天、干乳期前 15 天、患隐性乳房炎和使用抗生素的奶牛禁止进入挤奶厅挤奶。

4. 工作人员

4.1 身体健康,视力良好,责任心强。

4.2 不留长发,不带项链手饰。

4.3 统一服装、胶鞋、工作时间精神高度集中。

4.4 富有爱心,爱护牛只。

4.5 工作细致,爱护挤奶设备,定期对挤奶设备进行保养。

4.6 熟练掌握各项专业技能。

5. 挤奶前的准备工作

5.1 在牛奶过滤器内装入牛奶过滤纸。

5.2 关闭奶水分离器上的喷水阀及自动排水阀。

5.3 关闭浪涌放大器处的吸收真空扣夹(中置式)

5.4 打开挤奶台入口牛门,关闭出口牛门。

5.5 准备干净毛巾,保证每头牛一条。

5.6 准备乳头消毒液。

5.7 检查真空泵油量。

5.8 将转换器转换到奶缸内。

5.9 用 85℃ 以上热水在平衡槽、热交换器、贮奶罐、打奶软管内循环 15 ~ 20 分钟,以达到对系统消毒的目的。

6. 开机检查

6.1 待上述准备工作完成后,开机

6.2 真空泵运转后,检查真空泵的运行状态。

6.3 检查真空泵是否进油。

6.4 检查真空系统,稳压器是否进气,真空度是否正常,是否漏气。

6.5 检查挤奶器各橡胶管接法是否正确,各个开关是否关闭,然后将气管接到真空管线开关上,听节拍是否正常。

6.6 确认无异常情况后,开始挤奶。

7. 挤奶

7.1 奶牛进入挤奶台,站好位后,关闭进口。

7.2 用40℃~50℃的消毒水浸泡过的单独一次性纸巾或单独的毛巾清洗乳头,时间控制在10秒内。

7.3 将头3把奶挤在乳汁检查杯中,观察乳汁有无异常。

7.4 用专用消毒液药浴乳头,30秒后即用单独一次性纸巾或单独干净毛巾擦干乳头。

7.5 乳头擦干后采用S形套杯法迅速套杯,并调整好奶杯组的位置。

7.6 真空压力控制在0.05~0.055MPa或0.5~0.55KPa,脉动器节拍控制在60~80次/分钟进行挤乳。

7.7 奶牛下奶停止后,根据不同情况对奶杯组进行手动或自动脱杯,严防奶杯接触地面,不得过挤。

7.8 脱杯后立即药浴乳头。

7.9 重复以上步骤对每一头奶牛进行挤奶。

7.10 挤下的鲜奶经过过滤,泵入鲜奶平衡槽中。

7.11 待牛乳装满鲜奶槽时,经过热交换器降温泵入贮奶罐中。

7.12 在泵入贮奶罐过程中启动制冷设备,并当奶液完全淹没搅拌器叶片时打开搅拌器,奶温要求在1小时内降到10℃以下(4~10月)或8℃以下(11~3月)。

7.13 利用热交换器进行降温时,应防止水进入鲜奶中,影响鲜奶质量。

8.清洗

所有牛只挤完奶后,进行清洗工作。

8.1 清洗前的准备工作

8.1.1 将所有的奶杯组装在清洗托上。

8.1.2 将奶水分离器上的清洗开关及自动排水开关打开。

8.1.3 打开浪涌放大器上的进水阀。

8.1.4 将清洗转换器转到清洗位置。

8.2 清洗

8.2.1 预清洗

用35℃～40℃的温水冲洗,直至排出的水清洁为止。

8.2.2 循环清洗

用65℃～85℃的热水,加清洗剂(酸性/碱性),循环清洗8～15min。保持排出的清洗液温度不低于40℃。

8.2.3 后冲洗

用清水冲洗,直到排出的水清洁为止。

8.2.4 检查挤奶器、平衡槽、鲜奶管路和贮奶罐是否洗净并积水。

四、泌乳盛期饲养

这一阶段饲养任务是维持高峰产奶量,延长泌乳盛期,保持泌乳奶牛的健康。从产后16天到100天为泌乳盛期。每个牛产奶期的高峰维持时间长度不等,有的仅两周。

(一)泌乳盛期营养需要可参照表1－16(泌乳奶牛营养需要)。泌乳盛期奶牛营养需要量大,日粮干物质占体重的2.5%～3.5%以上。每千克饲料能量单位2.40,粗蛋白16%～18%,钙0.7%,磷0.45%。精粗比由40:60向60:40过渡,粗纤维15%。

表 1 - 16　　　　　　　泌乳盛期营养需要表

阶段划分	日产奶量	干物质占体重千克	能量单位（NND）千克	干物质千克	粗纤维CF%	粗蛋白质CP克	钙Ca	磷P/g（克）
泌乳盛期	20千克	2.5～3.5	40～41	16.5～20	18～20	12～14	0.7～0.75	0.46～0.5
	30千克	3.5以上	43～44	19～21	18～20	14～15	0.8～0.9	0.54～0.6
	40千克	3.5以上	48～52	21～23	18～20	16～20	0.9～1.0	0.6～0.7

（二）泌乳盛期日粮要求

泌乳盛期精料给量：日产奶20千克给7～8.5千克，日产奶40千克给10～12千克，日产奶30千克给8.5～10千克。

粗饲料给量标准：青贮饲料头日量20千克到25千克，干草4千克以上，糟渣类头日量12千克以下，多汁类饲料头日量3～5千克。如不以青贮玉米为主饲料，相应增加其他优质干草和青草量。日产奶40千克以上，应注意补充维生素及微量元素。日产奶量高于35千克的高产奶牛饲料中应添加缓冲剂（碳酸氢钙）夏季还应加氯化钾或脂肪粉。

精粗饲料比65:35～70:30的持续时间不得超过30天。

表 1 – 17　　　　　　　　　泌乳盛期日粮举例表

饲料名称	给量(千克)	占日粮%	占精料%
豆饼	1.6	4.53	16.2
植物蛋白粉	1.0	2.83	10.1
玉米	4.8	13.59	48.5
麦麸	2.5	7.08	25.2
谷草	2.0	5.66	
苜蓿干草	2.0	5.66	
青贮玉米	18.0	51.0	
胡萝卜	3.0	8.49	
食盐	0.1	0.28	
磷酸钙	0.3	0.85	
合计	35.7	100(99.97)	

注:根据产奶量和饲草料质量添加维生素和微量元素。

在泌乳高峰期间,高产奶牛每增产 1 千克奶,加喂 70～80 克豆粕。当用高精日粮时,每日加喂 100 克小苏打,在运动场内放钙盐砖,或补饲糟,让奶牛自由舔食。以缓冲瘤胃酸度,为瘤胃微生物创造适宜的生活环境。

达到产奶高峰后,精料量固定,待泌乳盛期过后再调整。

例:奶牛体重 500 千克,日产奶 25 千克,日粮配方:

配合精料 12.5 千克、豆粕 1.8 千克、苜蓿干草 4.1 千克、带穗玉米青贮 17 千克、甜菜 1 千克、胡萝卜 0.2 千克,总量达到 37 千克,其中粗蛋白 3591 克。

饲喂顺序:苜蓿 – 青贮 – 精料 – 干草。

高精料日粮最好日喂 4 次,包括夜饲一次。原则是看槽饲喂,勤添少喂,灵活掌握,夏天没有甜菜、萝卜,要增加青割草、苜蓿,禾本科草等。此期禁喂酒糟。

日产奶 30 千克以上的高产奶牛日喂 3 次草料。

（三）泌乳盛期饲养特点

从泌乳初期到产奶高峰期（8～10 周）是泌乳盛期，此期乳房已经软化，食欲完全恢复正常，采食量增加，乳腺机能活动日益旺盛，产奶量很快升到峰值。在饲料搭配上，增加精料，减少粗料，精粗比可以过渡到 60:40，料奶比从 0.4:1 增加到 0.5:1。

为了保证奶牛产奶潜力充分及时地发挥出来，还可以采用预支饲养法，即在饲养标准外补加 4～5 个能量单位的饲料或标准外多给 1～1.5 千克精补料或 1 千克豆粕。随着产奶量的增加而增加精料，直到加料不增奶，进入相对稳定产奶阶段，从饲养上应尽量延长泌乳盛期。

由于泌乳盛期机体内营养消耗大，牛体迅速消瘦。此时必须优饲。喂优质饲草如青干草、苜蓿干草、优质青贮玉米等，决不喂劣质饲草。在农村有的只喂单一的玉米秸或已霉败的秸秆，致奶产下降，发生消化系统疾病和代谢病。

必要时，添加过瘤胃保护性脂肪，如牛、羊脂肪等，适宜以青贮玉米为主料的添加。饱和脂肪酸和脂肪酸钙盐都可有效地提供过瘤胃脂肪，为高产奶牛提供能量。奶牛饲料日粮中脂肪含量最多不能超过干物质的 7%，超过以后会降低瘤胃微生物活性，影响奶牛消化力。脂肪在基础日粮中已含有 3%～4%，再补脂肪时要减去。一般日粮补 0.45～1.36 千克/头。补充蛋白质也要用动物性蛋白料，如鱼粉、血粉或豆粕，因为它们是最常用的过瘤胃蛋白质来源，一般进入瘤胃的蛋白质约有 60% 被分解，其余部分才进入瘤胃后消化系统进一步消化利用。

赖氨酸和蛋氨酸是泌乳奶牛以玉米为基础日粮时的第一或第

二限制性氨基酸。高产奶牛的日粮中必须有足够的赖氨酸和蛋氨酸,而添加结晶型的赖氨酸和蛋氨酸,会在瘤胃中迅速发生脱氢基作用,即使微生物合成蛋白达到最高水平,进入小肠的蛋白质和氨基酸难以满足现在高产奶牛的营养需要。目前我国生产保护性氨基酸的技术不太成熟。但使用适量的过瘤胃保护性氨基酸,可以代替一大部分瘤胃非降解蛋白,还能提高产奶量和乳脂率,降低日粮蛋白质水平和饲料成本。

泌乳盛期饲养不当,产奶峰值不高,维持时间短,延误发情和受孕,并使乳中的非脂固体含量降低。

饲喂次数:高产奶牛在盛奶期为了充分消化、利用日粮的营养,应喂 3 ~ 4 次,包括夜喂一次。

总之,泌乳盛期饲养主要采取以下几点措施:

1.“预付”饲养

是一种常用的方法,具体方法是:从产后 10 ~ 15 天开始,除根据体重和奶产量,按标准给饲料外,每天额外多给 1 ~ 2 千克精料,以满足产奶量继续提高的需要。待到增加精料而产奶量不再上升后,将多余精料降下来,降料速度要比加料速度慢,降到与产奶量相适应为止。与此同时日粮中增加青绿、青贮和干草数量。

此法增奶效果较理想。

2.“引导”饲养

从奶牛产前两周开始,除喂给足够的粗饲料和约 2 千克/日精料外,再增加 0.45 千克/日,直到奶牛每 100 千克体重采食 1.0 ~ 1.5 千克精料为止,奶牛产犊后仍按 0.45 千克/日增加精料,待泌乳高峰过后,奶产不再上升时,便按产奶量、乳脂率、体重、体况等调整精料喂量。所喂精料必须是粗磨或压扁的,不宜磨成粉状,否则易引起消化机能障碍。

此法具有下列优点：

可使奶牛瘤胃微生物区系在产犊前得到调整，以适应产后高精料日粮；可使高产奶牛在产犊前贮备足够的营养物质，以满足产奶高峰的需要，增进干奶牛对精料的食欲，使其在产后仍能采食大量精料，可使多数奶牛产生新的产奶高峰。

注意："引导"饲养法仅对高产奶牛有效，中低产奶牛不宜使用。

3. 添加过瘤胃脂肪提高日粮营养浓度，脂肪酸钙现有的品种有异丁酸钙、异戊酸钙、辛酸钙、癸酸钙、月桂酸钙、棕榈油脂肪酸钙、硬脂酸钙等，国外以棕榈酸油脂肪酸钙最常用，一般适用于日产超过 30 千克奶的高产奶牛和乳脂率低于 3.5% 的奶牛，据报道在高产奶牛日粮中添加脂肪，产奶量增加 8%～17%，乳脂率也提高 13%～18%，同时有助于提高受胎率。

脂肪在日粮中添加量以 3%～5% 为宜，脂肪酸钙添加 5～7 天，过渡量为 200～500 克/头日。

脂肪酸钙是保护性脂肪，由于它是固体性粉末，在瘤胃中不溶解，在真胃和小肠中才被水解。

4. 提高日粮中过瘤胃蛋白质（氨基酸）的比例。同样适用日产 30 千克以上的高产奶牛。

方法是一方面适当增加日粮中粗蛋白比例，另一方面加喂 10 克以上过瘤胃氨基酸，同时添加过瘤胃蛋氨酸和赖氨酸。

5. 奶牛高峰期日粮配制

（1）精粗比：60:40 或 65:35，同时补充降解率低的植物蛋白饲料和苜蓿粉、玉米蛋白粉、高粱等，最好不用动物源性饲料。

（2）精料配方：玉米 50%，麸皮 10%～15%，饼粕类 20%～25%，DDGS10%，磷酸氢钙 1%，石粉 1%，食盐 1%，微量元素和维生素预混料1%。(DDGS为玉米酒糟蛋白料)。

日料中,应含有2.4NND/千克,16%~18%的粗蛋白、其中,过瘤胃蛋白为31%,粗纤维15%,中性洗涤纤维28%、酸性洗涤纤维19%,钙0.7%,磷0.45%。

奶牛日粮必须由多种适口性好的易消化的饲料草配制。

应由2~3种以上粗饲料和多汁饲料组成。

(3)每日喂碳酸氢钙120克或氧化镁40克等缓冲剂。

表1-18　　　　用产奶量计算精料饲喂量表

泌乳日期(天)	20~100	101~220	221~305
日产奶(千克)	36~43	25~32	14~21
奶料比	2.5:1	3:1	5:1
日料干物质中精料%	50~65	40~45	20~25
日粮干物质中粗蛋白%	16~17.5	15~16	13~15
产奶净能 MJ/千克	1.42~1.46	1.34~1.42	1.26~1.34

(4)测乳喂料防止奶牛因高蛋白日粮影响繁殖

监测乳中尿素氮,适当添加蛋白等营养物质,从乳中尿素氮含量与奶牛繁殖性能的关系说明蛋白喂量要合理正确。

泌乳盛期也是奶牛配种、受孕的重要时期。

繁殖效率是衡量奶牛业经营效益的一个重要指标,特别是奶牛分娩后的营养水平对繁殖性能以及牛群的繁殖效益有直接影响。一般为了提高奶产增加经济效益,日粮营养会过量,尤其在泌乳早期,高蛋白日粮适口性好,能增加采食量,奶农往往在泌乳早期饲喂奶牛的粗蛋白量会高于生理需要,日粮中粗蛋白高不利奶牛发情受孕。

许多研究表明,增加日粮蛋白浓度,对繁殖性能有害。研究人员发现,在整个日粮粗蛋白中瘤胃可降解蛋白的比例越高,则受胎率越低。这种现象在经产母牛中尤为明显,而只在泌乳的前5个月,饲喂含19%~21%粗蛋白日粮平均受胎率15%,低于饲喂含15%~16%粗蛋白的日粮受胎率。

高血液尿素与不孕和全群低繁殖率有一定的相关性。宾夕法尼亚大学研究人员报道,血液尿素和繁殖率呈负相关。血液尿素平均水平为13.8毫克/分升的受胎率为62%,而血液尿素水平为21.3毫克/分升的受胎率为48%,血液尿素大于20毫克/分升的奶牛受胎率低于血液尿素小于20毫克/分升奶牛的3倍。New-york研究报道,乳尿素氮大于19毫克/分升的奶牛受胎率相对较低。Cornell大学研究显示,乳尿素氮大于21毫克/分升人工受精难以受孕,Ohio州的24个牛群调查显示,乳尿素氮与繁殖力呈负相关,乳尿素氮大于15.4毫克/分升,不易受胎,比低于12.7毫克/分升乳尿素氮的奶牛受胎率低1.4倍。

高蛋白日粮是怎样影响奶牛繁殖性能的呢?

粗蛋白采食量增加引起组胺含量上升,组胺通过降低免疫系统功能,延迟或不利于子宫污染物的清除,特别在分娩早期有繁殖问题的牛,如果日粮粗蛋白含量高或者瘤胃可降解蛋白高则会降低繁殖效率。

类固醇激素(雌激素、孕酮)分泌受日粮粗蛋白水平的影响,而促性腺激素(GNRH、FSH、LH)的分泌不直接受其影响。类固醇激素分泌的变化影响促性腺激素等分泌和子宫内环境。而且,血液尿素和氨水平的升高,会导致生殖道组织和黏液中氨和尿素的升高。另外,氨会引起中间代谢的双变,影响血液中葡萄糖、乳糖和游离脂肪酸的浓度,影响激素合成和黄体功能孕酮分泌。因此高蛋白日粮引起子宫内环境的改变,导致繁殖障碍。

高蛋白日粮影响繁殖率主要有三点:

①氮代谢的有毒副产品,如瘤胃中氨和肝脏生成的尿素,通过改变子宫分泌物影响精子、卵子及早期胚胎成活。

②能量供求失衡,会影响代谢效率,最终降低血中孕酮浓度。

③血液尿素浓度高会改变子宫 pH 值和前列腺素或孕酮含量,恶化子宫内环境,不利于胎儿成活。

测定乳尿素氮含量,可以准确地平衡日粮,提高乳蛋白量和提高繁殖率,为了增乳,不是蛋白料越多越好,而是要合理使用蛋白料,可以减少蛋白料的浪费,提高奶产,提高受胎率,最终是提高生产效益。

五、泌乳盛期管理

1. 分群饲养,细心照料,细心分析各期产奶量升降是否合理,奶牛泌乳高峰期大约在产后 4 ~ 5 周出现,持续 3 ~ 4 周后开始缓慢下降,下降的幅度大约为每周 1.5% ~ 2%。如果下降幅度过大,可能在饲养方面出了问题,其中大多是营养和卫生问题。

如果泌乳 90 天后,泌乳下降速度低于 1%,表明奶牛未孕,或者是奶牛泌乳高峰期未达到预期产量。

如果奶牛泌乳高峰不能持续,应检查日粮的能量情况。

产奶未能达到预期高峰,应检查日粮的蛋白水平。

正常情况,高产奶牛在产后 50 ~ 70 天体重下降 35 ~ 55 千克;初产母牛下降 15 ~ 23 千克,如果体重下降或体况变化过大,可能是由于饲喂量不足,或有慢性疾病。

2. 加强乳房护理,主要预防乳腺炎发生。适当增加挤奶次数。

3. 及时配种。一般奶牛在产后 30 ~ 45 天,其生殖道完成净化过程,基本康复,开始发情。此时应详细做好奶牛发情日期、征兆以及生殖道分泌物净化情况的记录,在以后的 1~2 个发情期配种。对于产后 45~60 天尚未出现发情征兆的奶牛,应及时进行健康、营养和生殖系统的检查,发现问题,及早采取措施。

六、泌乳中期饲养

泌乳中期是泌乳盛期之后至产后 30~35 周以前的一段时间,其特点是产奶量缓慢下降,各月份下降幅度为 5%~7%,母牛身体逐渐恢复,自 20 周起,体重开始增加,采食量增加,在饲养上为了保证奶牛健康,仍应供应充足的饲料干物质。逐渐把精粗比由60:40 下降到 50:50,最后降为 40:60,粗纤维含量不少于 17%。精料中粗蛋白根据产奶量的下降,逐渐减少,例如:日产奶 30 千克,粗蛋白占干物质的 15%~12%,日产奶 20 千克,粗蛋白占 14%~12%,日产奶 15 千克,粗蛋白占干物质的 12%~10%。

泌乳中期日粮的营养需要见表 1-19 和表 1-20

表 1-19　　　　　　　　泌乳中期日粮营养需要表

阶段划分	日产奶量(千克)	干物质占体重(千克)%	奶牛能量单位(NND kg)	干物质(千克)	粗纤维(CF)占干物质%	粗蛋白质(CF)%	钙(ca)	磷 p/g %
泌乳中期	15	2.5~3.0	30	16~20	17~20	10~12	0.7	0.55
	20	2.5~3.5	34	16~22	17~20	12~14	0.8	0.60
	30	2.5~3,0	43	20~22	17~20	12~15	0.8	0.60

泌乳中期日粮要求：

精料给量标准：

一般可按体重 600～700 千克,乳脂率 3.5% 的奶牛日粮营养需要计算。日产奶 15 千克给 6.0～7.0 千克料；日产奶 20 千克给 6.5～7.5 千克料；日产奶 30 千克给 7.0～9.0 千克料。可以根据自己奶牛的特点,调整精补料喂量,既要维持较高产奶量,又要核算生产效益。

粗饲料给量标准：

青贮饲料头日量 15～20 千克,干草 4 千克,糟渣类饲料 10～12 千克,块根多汁类饲料 5 千克,不以玉米青贮为主饲料的,要喂苜蓿青干草和高粱或玉米青割或干草。

精粗饲料比为 40:60,粗纤维含量不少于 17%。

在此期间日平均产奶量一般递减 7% 左右。

此期间奶牛应恢复到正常体况,每头日应有 0.25～0.5 千克的增重。

中国农业部提出的《高产奶牛饲养管理规范》中指出的泌乳中期奶牛营养需要：

干物质占体重的 3.0%～3.2%,每一千克干物质能量单位 NND2.13,粗蛋白 15%,钙 0.45%,磷 0.4%,精粗比为 40:60,粗纤维不少于 17%。

泌乳中期奶牛营养需要：

饲料干物质占体重的 3.0%～3.2%,粗蛋白 12%,钙 0.45%,磷 0.35%,精粗比为 30:70,粗纤维不少于 20%。

例如一头体重 500 千克的奶牛营养需要量(见表):

表 1 – 20　　　　**母牛泌乳期 100 ~ 305 天饲料标准表**

每头每日需要量（体重 500 千克）										
产奶量	千克	8	10	12	14	16	18	20	22	24
干物质	千克	12.3	13.2	14.2	15.3	15.7	17.0	18.0	18.8	19.6
能量单位	NND	10.3	11.2	12.7	14.5	15.9	16.8	17.6	18.4	19.2
代谢能	兆卡	25.7	28.0	31.7	36.2	39.3	42.0	44.7	47.7	50.5
粗蛋白质	克	1720	1853	2118	2365	2589	2773	2927	3018	3137
可消化蛋白质	克	1074	1186	1356	1537	1683	1830	1932	2022	2102
碳水化合物	克	1058	1162	1278	1408	1532	1632	1764	1880	2000
纤维素	克	3260	3432	3621	3794	3895	3910	3960	4012	4116
脂肪	克	246	264	298	337	375	408	450	488	529
钙	克	71	79	88	98	107	114	122	130	137
磷	克	49	55	62	69	75	82	88	94	100
食盐	克	75	82	88	95	104	109	115	124	129
胡萝卜素	mg	430	475	525	581	635	680	738	790	843
维生素 D	千 IU	6.1	6.6	7.1	7.6	8.1	8.5	9.0	9.4	9.6
维生素 E	mg	430	462	497	535	570	595	630	658	682

资料来源：陆耀辉编《养牛学》

七、泌乳后期饲养及日粮要求

精粗饲料比降到30:70,粗纤维含量不少于20%。在此期间,胎儿发育加快,每头日增重0.5~0.7千克,精料给量应为6~7千克。

粗饲料给量标准:青饲、青贮头日量不低于20千克,干草4~5千克,糟渣类、多汁类饲料不超过20千克。

妊娠奶牛到怀孕五个月之后,即泌乳第七八个月之后。产奶量显著下降,但母牛采食量增加,此时根据泌乳量的下降,适当减少精料喂量,但粗纤维含量不得低于17%,要喂足量的优质饲草,如苜蓿干草,优质带穗青贮玉米等。

高产奶牛和奶期长的奶牛,泌乳期以305天为宜。留出60天的干奶期。有的奶牛奶期短,甚至不到200天,自然干奶。

参考精料配方:

玉米50,麸皮12,豆粕14,胡饼8,棉籽粕6,骨粉2,磷酸氢钙2,食盐1,多维0.5,多种微量元素预混料0.5。

本配方中营养成分:干物质87.3、粗蛋白18.09、粗脂肪6.8、纤维素5.57、无氮浸出物52.38、钙1.3、磷0.85、可消化蛋白140.12克/千克。

八、泌乳后期营养需要和日粮要求

奶牛由于胎次、体重、泌乳天数、产奶量、乳脂率、蛋白率、体况的变化、日增重(减重)环境温度等参数,条件环境的变化,对各项营养物质的参数都在相应变化,各种营养参数处于动态中。根据不同的参数条件,每天需要的干物质是不同的,各种营养物质参数都是变化的。

以奶牛第二胎、体重612千克、泌乳50天、日产奶量30千克、乳脂率3.3%、蛋白率3.0%、体况3.2分,可以下降到2分为标准,奶牛需要满足的营养参数为(见表1-21):

表 1 - 21 　　　　　　**奶牛营养参数表**

饲料营养成分	单位	需要量
干物质	（千克/天）	18.78
产奶净能	（兆卡/天）	28.99
粗蛋白	（克/天）	2774.0
过瘤胃蛋白	（克/天）	2404.0
中性洗涤纤维	（克/天）	5634.0
酸性洗涤纤维	（克/天）	3005.0
有效粗纤维	（克/天）	4507.0
钙	（克/天）	122.0
磷	（克/天）	78.0
镁	（克/天）	38.0
钾	（克/天）	169.0
钠	（克/天）	34.0
氯	（克/天）	47.0
硫	（克/天）	38.0
铜	（毫克/天）	188.0
铁	（毫克/天）	939.0
锰	（毫克/天）	751.0
锌	（毫克/天）	751.0
碘	（毫克/天）	11.3
钴	（毫克/天）	1.90
硒	（毫克/天）	0.30
VA	（千国际单位）	75.0
VD	（千国际单位）	18.8
VE	（千国际单位）	282.0

以上是 NRC(书名)的营养参数,还有钙磷比例,干物质占体重的比例以及阴阳离子差等。如果能满足这些参数,上述比例会得到平衡和满足。

从奶牛营养上分析到各个不同阶段奶牛的营养需要,从而判定饲养者是否给奶牛提供了足够量的营养。

营养过量也会给奶牛带来负担,造成营养失衡,不但造成浪费,而且会造成疾病,如产后高产期高蛋白低能量日粮会引起乳房炎、子宫炎、配种受胎率的下降。

奶牛营养标准是一个动态平衡,不可能天天调换饲料,所给出的营养标准也只是一段时间的标准,这就要靠饲养者调节和奶牛自身调整和平衡。并不是有一个标准就万事大吉,这里提供的不同的标准不是一个死标准,标准同样受多种因素的影响和制约,在应用中要考虑饲料质量、奶牛情况、环境因素等。

泌乳后期产奶量下降,但胎儿进入生长旺期,奶牛的营养需要量仍然很大。我们要调节饲料供应,满足此期营养要求。

泌乳后期日粮的营养需要见表 1 - 22。

表 1 - 22 泌乳后期日粮营养需要表

阶段划分	日产奶量(千克)	干物质占体重(千克)%	奶牛能量单位(NND)/千克	干物质(千克)	粗纤维(CF)%	粗蛋白质(CP)克%	钙(Ca)克%	磷 P/g克%
泌乳后期	10	2.5~3.5	30~35	17~20	18~20	13~14	0.7~0.9	0.5~0.6

干奶牛饲养本章前面已有详述。

奶牛的干奶期约为两个月。前 45 天为干乳前期,后 15 天为干乳后期(也称围产前期)。干奶牛精料给料标准:每头日 3 ~ 4 千克(高产奶牛加喂到 6 千克)。粗饲料给料标准:青饲、青贮头日量 10 ~ 15 千克左右,干草(优质)3 ~ 5 千克,糟渣类、多汁类饲料不超过 5 千克。围产前期需增加日粮浓度,降低钙的给量,以适应产后需要。

九、增加产奶量的几个方法

(一)添喂"康贝""普利菌"。产前 1 个月到产后 3 个月每日喂这些生物制剂 20 克/头,增产乳 8% 以上。

(二)加喂食盐:在饲料中加入 1.8%(干物质计算)可提高产奶。

(三)加维生素 A,E,D。尤其农村以喂秸秆为主,补充更多反刍动物维生素效果更好,可预防犊牛双目失明。每 100 千克体重补维生素 A 8000IU,最好喂胡萝卜素,可补充维生素 A。

(四)合理添加缓冲剂。日粮中精料占到 60% 时,添加 1.5% 碳酸氢钠、0.8% 的氧化镁混合喂奶牛,据试验可提高奶产 3.8 千克,主要是抑制瘤胃内酸度,使瘤胃生物区系、数量正常化。

(五)纤维酶添加剂。可提高饲料纤维素消化分解率,以提高奶产。据试验每天每头喂 20 克,并补喂淀粉类饲料 1.5 千克,14 ~ 21 日为一疗程,产奶量可提高 10%。

(六)非常规矿物质添加剂。如天然沸石、麦饭石、稀土等,它们具有独特的理化特性,并含有奶牛需要的常量和微量元素,它不仅可以补充某些营养物质,还可促进奶牛生长,在奶牛日粮中添加 5% 沸石,产奶量可提高 7.1%,乳脂率提高 0.2%,日粮中添加 3 克稀土,可提高产奶量。

(七)人工诱乳。

1. 每日用雌二醇 0.10 毫克/千克体重,加孕酮 0.25 毫克/千克体重的无水乙醇溶液,早晚各一次,皮下注射,一日量分两次,连用 7~10 天,同期隔日肌注利血平 5 毫克,连用 4~5 天,一般 20 天后开始泌乳。

2. 每日用苯甲酸雌二醇 0.1 毫克/千克体重,一次皮下注射,连用 7 天,停药 5 天后,每天每头肌注利血平 5 毫克,连用 4~5 天,20 天左右泌乳。

人工诱乳使不孕奶牛产奶,可日产奶 10 千克以上,成功率 90%~100%,产奶 7 天后,牛奶无药物残留,与正常奶成分一样。

其他诱乳增乳法见乳房炎及无乳症治疗一章

从目前情况看,人工诱乳,日产奶 10 千克左右,经济效益不显著。实施诱乳的意义不大,如果长期不孕不育,查明原因,对症治疗,如为先天性,不如早育肥早淘汰

(八)奶牛增产新招:

1. 饲喂粥料。有的地区大面积采用粥料饲喂,给奶牛喂粥料可提高产奶量 31%。加工粥料,可先把粉状精料加入少许食盐后用少量水冲稀搅匀,待锅内水沸腾时倒入精料糊,搅拌 5~10 分钟。

2. 修整牛蹄。每季修蹄一次,把不正的牛蹄矫正过来,可增加日产奶 1~2 千克。

3. 喂秕壳葵花籽。秕壳葵花籽含有丰富的蛋白质和油脂,在奶牛饲料中加 10~20%,产奶量可提高 15% 左右。

4. 喂甜高粱。据试验,给奶牛喂甜高粱比喂玉米每头日增产牛奶 0.5~1 千克。

5. 添加胡萝卜素。从产前 30 天到产奶后 92 天,在日粮中加 7 克胡萝卜素制剂,每头奶牛在泌乳期内增产牛奶 200 千克。

十、泌乳奶牛的管理

1. 牛舍、运动场保持清洁干净、粪便及时清除,做到及时排水。

2. 做好冬季防寒,夏季防暑工作,冬季舍温保持 0℃ 以上,夏季 28℃ 以下;在气温最低时,早上迟出舍,晚上早入舍,入舍前饮足水;水泥地上铺褥草;夏季运动场内设凉棚;场区内消灭蚊蝇、鼠虫等。

3. 保持各生产环节的环境及用具的清洁,保证牛奶卫生。

4. 分群管理,做到定位饲养。

5. 按饲养规范实行三上槽制饲喂,做到先粗后精、以精带粗、不堆槽、不空槽、不喂发霉变质饲料,注意拣出饲料中的异物。

6. 运动场要设含微量元素的盐块,饮水槽保证充足、新鲜、清洁饮水,水质符合 NV502T 要求。

7. 每年定期 1~2 次健康检查,对平均日产奶量低于 10 千克的应及时淘汰。

8. 挤奶:挤奶前用 50℃~55℃ 的温水清洗乳房,用热毛巾热敷和乳房按摩,预防水肿,如有乳房水肿,禁止用青链霉素。

9. 每头牛每日挤奶量要准确记录。

10. 干奶牛和泌乳奶牛分开饲养,控制膘度。

11. 奶牛产后第 4 天,喂丙硫咪唑驱虫调奶。据报道喂服丙硫咪唑有调高奶产的作用。

第六节　犊牛的饲养管理

出生到断奶(3月龄)视为犊牛阶段。

此阶段生长发育快,对营养要求高,消化器官发育不健全,消化能力差,对食物选择性很强;此阶段应以哺饲优质乳为主,并向适应多种饲料过渡。犊牛对外界环境的应激能力、免疫系统都不够完善,抗病力较差,必须加强饲养管理,减少疫病发生。

一、初生犊的护理

初生犊牛,从母体一下子进入外界自然环境里,营养供应、呼吸换气、环境温度等生理、生存条件都发生了巨大的变化,这时的护理很重要。如果护理不到位,容易造成损失。初生犊牛护理有以下几个重要方面:

(一)清除口鼻黏液,帮助呼吸。

犊牛生后,首先要清除口鼻黏液,以免妨碍呼吸,甚至吸入肺部造成异物性肺炎。如已吸入黏液或羊水,可以握住后腿,倒提起来,另一人轻拍胸部使黏液等吐出(流出)保证呼吸通畅。

(二)迅速擦干或让母牛舔干犊牛身上的黏液。

以母牛舔干最好,母牛的唾液酶可以溶解黏液,消毒犊牛体表,舔擦皮肤可促进皮肤血液循环,此黏液中含有多种妊娠、分娩激素,母牛舔食后有促进胎衣排出的作用,母子双赢。

(三)脐带消毒。

奶牛一般产后起立,自然断脐,如果没有自然断脐,要用消毒剪刀在距犊牛腹部10~12厘米处剪断。不论自然或人工断脐都要用5%碘酊浸泡消毒脐带断端。这是一步很重要的措施,如不及时消毒,会受致病微生物感染而发生脐带炎等疾病。

(四)迅速将初生犊移放到温暖、干燥、舒适的环境中。尤其冬季,一定要移放到有保温加温设备的犊牛舍中。

(五)及时喂初乳。

产后1小时内必须吃到初乳,最好30分钟内吃到初乳,母牛初乳中除含有初生犊牛必需的多种营养物质,如能量、蛋白、VA、VD、激素和促生长因子,还含有足够的大分子抗体蛋白。这些大分子抗体蛋白在犊牛出生24小时以后便不能通过胃肠屏障,被直接吸收利用,发挥其免疫抗体功能。所以在24小时内必须喂给犊牛充足的母亲初乳。因为出生后一小时抗体吸收率达50%,20小时降至12%,不及时喂初乳,犊牛瘦弱、拉稀,甚至死亡。每次喂初乳1~1.5千克或2升,一日喂4~5次。以后每日三次,每次2升左右,或按体重1/8喂给初乳3~7天。如无母牛初乳,改喂同期生产的健康母牛的初乳,或人工初乳(配制方法:鲜牛奶1千克、鱼肝油15克、鲜鸡蛋3~5个)或喂自然酸化的初乳。

最初犊牛不会在盆中饮奶,可将手洗净,伸入奶中用手指引导犊牛吸吮,经2~3天训练,犊牛即能自己吸吮、饮用。喂初乳1~2小时后,喂给适量温开水,以补水。有研究资料表明,初乳饲喂量、时间、血中抗体浓度,对犊牛成活率有很大影响,例如犊牛初生后12小时内分别饲喂2千克、3~4千克、5~6千克初乳,7~180天内死亡率分别为15.3%、9.9%、6.5%。

二、犊牛的早期断奶

乳用犊牛在30~42日龄断奶称为早期断奶。

(一)早期断奶的意义

在犊牛培育中,尽早使用固体料,如精料、干草等,既可以减少鲜奶用量降低饲养成本,又可以促进瘤胃的发育,增强后期利用粗饲料的能力。全乳中铁和维生素 D 含量较少,全部使用鲜奶不能满足犊牛生长发育的需要,会导致营养不平衡,不采取早期断奶也要使用适当的开食料等饲草类补充。早期断奶犊牛比全奶哺育的犊牛在早期发育上稍有滞后,但后期可利用补偿代谢赶上来,一般不会影响成年产奶。

(二)早期断奶的措施

1. 开食料的配制及利用

开食料也称代乳料,是根据犊牛营养需要配制的。它的作用是使犊牛由食乳向完全采食植物性饲料过渡。有的是粉状,有的制成颗粒。从出生后第二周开始使用。任其自由采食,到 30 日龄时,如果犊牛能采食 1 千克代乳料,即可断乳,减少喂奶量,控制代乳料给量,逐渐向普通饲料过渡。

开食料配方很多,其原料均为植物性饲料和乳的副产品,如脱脂乳、干奶酪、干乳清等,乳制品含 50% ~80% ,再加入矿物质、微粒植物、维生素 A、B 及土霉素、新霉素、拉沙里菌素(驱虫药)、益生菌等。开食料应含粗蛋白 20% 以上,粗脂肪 7.5% ~12.5% ,干物质 72% ~75% 。下面介绍几种开食料配方见表 1 – 23 。

现在有的厂家生产配制好的开食料供应市场。

表 1 - 23　　　　　　　　**犊牛开食料配方表**

原料	日本市售	美国伊俄诺大学	美国庆俄华大学 2#	美国庆俄华大学 3#	澳大利亚建议自制	黑龙江粮油公司 第一种	黑龙江粮油公司 第二种
豆饼	20 ~ 30	23	15	17	20	29	20
亚麻饼				15		10	10
玉米	40	40	32	16.5	48	30	25
高粱							10
燕麦	5 ~ 10	25	20	20	20	20	
小麦麸						10	10
鱼粉	5 ~ 10		10	10	8	10	10
糖蜜	4	8	20	5	3		15
苜蓿草粉	3			5			
油脂	5 ~ 10						
维生素							
矿物质	2 ~ 3	4	3	15	1	3	5

注:原料量为 %

2. 人工乳的配制和利用

为了节约鲜奶,一般在犊牛生后 10 日左右,用人工乳代替全乳。人工乳的成分要求每千克干物质中含有脂肪 200 克、粗蛋白 240 ~ 280 克,碳水化合物 450 ~ 490 克,灰分 70 克。初生犊牛对淀粉的消化力弱,因此淀粉控制在 5% ~ 10% 以内。可以用作非乳蛋白质的蛋白资源有大豆、鱼粉、豌豆、小麦等。例如将充分煮熟的大豆粉用酸或碱处理后加到人工乳中喂犊牛。这种人工乳可平均使六周令内的犊牛日增重 500 克左右。

大豆粉的做法：先将大豆粉用 0.05% 氢氧化钠溶液处理，在 37℃下焖 7 小时，用盐酸中和至中性，再与其他原料如淀粉、氨基酸等相混，经高压灭菌后，冷却至 35℃，加入维生素。按体重的 1/10 给犊牛食用。

表 1 - 24　　用碱或酸处理大豆代乳料配方表

原料	50 千克液体含量（千克）	原料	50 千克液体含量（千克）
豆粉	5.00	蛋氨酸	0.044
轻化植物油	0.75	混合维生素	0.124
乳糖	1.46	微量元素	0.037
含 5% 金霉素溶液	0.008	丙酸 钙	0.304

3. 早期断奶办法

（1）全乳和开食料混合使用

该方法断奶时间是 6 周龄。全期共食用鲜奶 150 千克，开食料 17～23 千克。第一周喂初乳，每天 5 千克，从第二周开始每天喂全乳 4～4.5 千克，第 10 天开始喂开食料和草。开食料从 100 克到 150 克开始，以后逐渐增加，到 42 天达到 1000～1200 克即可断奶。在此期间，选择优质柔软的干草供自由采食。在断奶前后，犊牛奶量逐渐减少到停奶，以免料奶变更太快，引起犊牛消化不良。断奶后逐渐增加开食料喂量，到三月龄时，开食料喂量达到 2400～2500 克，然后转用普通精料。换料时应逐渐进行，干草自由采食、饮水量逐渐增加。

（2）全乳、代乳品和开食料混合使用

这个方法的特点是用代乳品代替部分鲜奶,鲜奶用量可控制在 100 千克以内。实施时,第一周喂初乳,从第 8 天开始每日喂2.5 千克全乳,400 克代乳品和少量开食料,然后逐渐增加代乳品和开食料。断奶时间 1 月龄左右。其后开食料逐渐增加,到 3 月时改用普通精料;干草从第 10 天开始自由采食。

（3）犊牛从 4～7 日龄开始调教采食开食料和干草

①在开食料中掺入糖蜜或其他适口性好的饲料(糖蜜是制糖副产品)。

②将开食料拌湿,抹在嘴内。

③勤给少喂。

④限制犊牛喂奶量,每日喂奶量不超过体重的 1/10。

⑤供给充足清洁、新鲜的饮水;如果饮水不足,日增重减少 41%。

三、犊牛的健康管理

（一）建立稳定的饲养制度

犊牛饮用的鲜奶品质要好,凡患有牛结核、牛布氏杆菌病和患乳房炎的牛奶不能喂犊牛,更不能喂变质奶。奶温要保持在 35℃～38℃之间,温度不能忽高忽低,奶量不能忽多忽少,时间不能忽迟忽早,做到定时、定量、定温、定人。每次喂完奶后擦干嘴部。

（二）每日要按时观察和护理

1. 测体温。体温变化是健康与否的标志之一。犊牛体温正常范围在 38.5℃～39.5℃之间。

2. 测心跳与呼吸次数。心跳次数:初生犊 120～190 次/分,哺乳犊 90～110 次/分,育成犊 70～90 次/分。

3. 观察粪便。主要观察次数、颜色、稠稀、有无气泡。

4. 观察精神状态。如头低耳耷、食欲不佳、两目无活力、动作不活泼,就要考虑是否有病。如有病要调整饮食或请兽医诊治。

(三)卫生防疫

犊牛应接种布氏杆菌疫苗及结核菌苗,其他疫苗视所在地情况而定,每年春秋驱虫 1 次,病犊隔离饲养。

从 10 日龄起,每日喂"康贝"10 克,饲喂 10 到 15 天;喂给成年牛反刍食团,完善瘤胃功能,提高消化能力。

饲料中加入金霉素,每日每头 1 万单位,连用 1 个月可预防拉稀。

四、犊牛的营养需要和日粮需要

1. 犊牛日粮营养需要

表 1 - 25　　　　　　犊牛日粮营养需要表

阶段划分	月令	达到体重（千克）	奶牛能量单位（NND/千克）	干物质（DM/千克）	粗蛋白（CP/g）	钙（Ca/g）	磷（P/g）
哺乳期	0	35 ~ 40	4.0 ~ 4.5		250 ~ 260	8 ~ 10	5 ~ 6
	1	50 ~ 55	3.0 ~ 3.5	0.5 ~ 1.0	250 ~ 290	12 ~ 14	9 ~ 11
	2	70 ~ 72	4.6 ~ 5.0	1.0 ~ 1.2	320 ~ 350	14 ~ 16	10 ~ 12
犊牛期	3	85 ~ 90	5.0 ~ 6.0	2.0 ~ 2.8	350 ~ 400	16 ~ 18	12 ~ 14
	4	105 ~ 110	6.5 ~ 7.0	3.5 ~ 3.5	500 ~ 520	20 ~ 22	13 ~ 14
	5	125 ~ 140	7.0 ~ 8.0	3.5 ~ 4.4	500 ~ 540	22 ~ 24	13 ~ 14
	6	155 ~ 170	7.5 ~ 9.0	3.6 ~ 4.5	540 ~ 580	22 ~ 24	14 ~ 16

2. 犊牛粗精饲料给量（正常哺乳培育犊牛）

犊牛饲料配方：

玉米 40（60），燕麦 30（15），麦芽糖 20（15），豆粕 10（10），合计 100。

每 100 千克料中加磷酸氢钙 1 千克、微量元素 1 千克、维生素 A440000IU、维生素 D110000IU。同时补金霉素或土霉素 1 万单位／日。

7 天后哺常乳，乳日喂量 6～7 千克，同时开始训练吃精料和粗饲料。粗饲料是优质干草，最初每头喂干粉料 10～20 克，数日后增到 80～100 克，一月龄给料增加到 200～300 克，以后逐渐增加。也可用市售犊牛用颗粒饲料。有条件的场 3 月龄内不喂青贮，以喂优质青干草为主。

其他粗饲料给量标准（参考数）

青贮玉米：2 月龄日喂 100～150 克，3 月龄 1.5～2 千克，5～6 月龄 3～4 千克，优质干草 1～2 千克。

五、犊牛管理

1. 犊牛生活环境干燥、清洁、通风、宽敞、阳光充足。

2. 喂奶定时、定量、定温、定人。

3. 生后 10 天开始户外活动。

4. 防止犊牛吃冰雪。

5. 断奶牛每日喂三次料，每日对犊牛刷拭一次。

6. 犊牛舍、运动场保持清洁，粪便及时清除，每月对环境消毒一次，可用"毒菌灭"消毒。

7. 为了尽早促进犊牛瘤胃微生物发育，完善瘤胃微生物区系，要给接种瘤胃微生物（健康牛瘤胃液）可大幅降低消化系统疾病的发生，提高饲料消化利用率。

8. 喂奶的容器每次用后必须洗净,喂前沸水冲洗消毒。

9. 饮水:生后半个月内或 25 日内,在喂奶后 1~2 小时,喂给适量的温开水,一个月后使其自由饮水。经常在运动场设洁净的饮水,不可突然暴饮,避免发生水中毒(农民养牛常因缺水暴饮而发生水中毒)

10. 同时喂养数个牛犊,要设嘴刺,以防互相吸吮脐带或公犊尿道口等,最好是单栏饲养。

11. 满六个月转入青年牛群。

12. 犊牛断奶法:在断奶前半个月,逐渐减少牛奶喂量,增加饲草料喂量,喂奶次数由 3 次变为 2 次、1 次,然后隔日 1 次,最后喂1:1 的掺水奶,断奶后再喂两天温开水,代替牛奶,进行安慰。

断奶时间:根据培育方向决定 60 天或 90 天。在农村对母犊一般是喂鲜奶 90 天,对公犊多喂 45 天。在以培养肉用公犊为目的的集中饲养中,多采用早期断奶法。

其他管理如,当 20~30 日龄去角,以防打架伤乳房、外阴,4~6 周龄剪掉副乳头,编号(打号)、建档,母犊应建立个体档案资料,资料应包括犊牛父母,祖父母牛号,生产性能,本身生长发育资料,如初生重、月龄、18 月龄和成年体重、体尺、配种、生产等记录。

分群管理:哺乳犊(0~1.5 月龄)断奶犊牛群(1.5~4 月龄)断奶后犊牛群(4~6 月龄)满 6 月龄转入育成牛群饲养。

第七节 育成牛的饲养管理

育成牛是指断奶后到产犊前的母牛。犊牛断奶后转入育成牛群。

一、育成牛的特点

育成牛生长发育快,生理活动激烈旺盛,增重快,各个系统,特别是繁殖、产乳等系统的功能逐步发育健全。如果在饲养管理方面不给于足够重视,会造成发育迟滞,功能低下等不良后果。

育成牛在 6～12 月龄是性成熟期,性器官发育很快,躯体高度快速生长,前胃发达、容积扩大,日粮要求有足够的营养和容积。应供给优质牧草、干草、多汁饲料,以供前胃继续发育。

12～18 月龄,消化器官更加扩大,为刺激其进一步增长,日粮应以粗饲料和多汁饲料为主,按干物质计算,粗料占75%,精补料占25%,并在运动场放置干草、秸秆等饲草,让其自由采食。

18 月龄开始配种,受孕后生长放慢,体躯向宽深发展。饲喂丰富浓厚的饲料,易于在机体内沉积大量脂肪,因此日粮仍应以优质干草、青草、青贮为主,精料少喂或不喂,这要根据饲草质量来定,尽量做到营养均衡。育成牛不肥不瘦,但到妊娠后期,必须加补精料,每日 2～3 千克,以适应胎儿发育和自身生长的营养需要。

二、育成牛的饲养

日粮要求:

育成牛日粮以粗饲料为主,适当补精料。膘度保持中上等,过肥不利于配种。

育成牛日粮营养需要见表 15～17。

饲料给量:

精饲料给量按每 100 千克体重 1.0～1.5 千克,一般 7～12 月龄头日量 1.5～2.0 千克,13～18 月龄头日量 2.0～2.5 千克。

粗饲料给量按 100 千克体重,给青贮 5～6 千克,干草 1.5～2.0 千克,桔干 1～2 千克,一般青贮饲料头日量为 10～20 千克,在 3 月龄前不喂青贮或低质秸秆,干草日喂量为 2～4 千克。

粗饲料质量悬殊大,不同的粗饲料应补加不同量的精补料(见表 16)

青年母牛的饲料中要注意补加钙、磷、维生素。

青年牛(育成牛)精补料配方为:(%)

1. 玉米 56,豆粕 3,胡饼 5,葵饼 6,棉粕 6,酵母粉 2,麸皮 18.5,磷酸氢钙 1.5,骨粉 1,食盐 0.5,微量元素、反刍动物复合维生素 0.5,本配方 CP15.03%。(粗蛋白 15.03%)

2. 玉米 50,麸皮 25,花生粕 10,棉粕 5,豆粕 5,骨粉 2,石粉 0.5,食盐 0.5,小苏打 1,维生素微量元素预混料 1。

12 月龄前后日粮配合为:(千克)。

青割草 2.6,带穗青贮 5,青干草 4,秸秆 2,苜蓿干草或青割苜蓿 3,食盐 30 克,骨粉 20 克,精补料 2～3,草和精料合计 18.6 千克。

三、育成牛的管理标准

1. 7～18 月龄为育成牛阶段,可按 7～12 月龄、13～18 月龄分群管理。

2. 育成牛日粮以粗饲料为主,视粗饲料质量按营养需要补喂精饲料。

3. 记录每头牛的初情期,对长期不发情的母牛,请人工受精员和兽医检查。

4. 有条件的规模化奶牛场,12 月龄后,开始触摸乳房,牵引调教。

5. 16～18 月龄,体重达 370 千克时,开始配种。

表 1-26　　　　　　　育成牛日粮营养需要表

阶段划分	月龄	达到体重（千克）	奶牛能量单位NND	干物质千克	粗蛋白g	钙g	磷g
育成期	7～12	280～300	12～13	5.0～7.0	600～650	39～32	20～22
	13～18	400～420	13～15	6.0～7.0	640～720	35～38	24～25

表 1-27　　　　　　　育成母牛精料日喂量表

体重	日增重	不同粗饲料日补精料量			
千克	千克	各种青草	各种青贮	青干草、玉米秸	麦秸、稻谷草
150	0.6	0.4～0.6	0.8～0.9	1.5～1.6	2.4～2.5
	0.8	0.8～1.1	1.2～1.4	1.9～2.1	2.9～3.0
200	0.5～0.6	0～0.5	0.4～0.9	1.4～1.7	2.7～2.8
	0.8	0.3～1.2	0.9～1.5	1.9～2.3	3.4
300	0.4～0.5	0	0	0.7～1.1	2.5～2.8
	0.8	0～1.2	0.8～1.8	2.3～2.8	4.2
400	0.2～0.4	0.2～0.4	0	0.4～1.0	2.5～3.1
	0.4～0.5	0.4～0.5	0～0.7	1.4～2.1	3.8～4.0

表 1 - 28　　小型品种非种用生长母牛（成年体重 450 千克）

每日营养需要量（DM 基础）表

BW（公斤）	ADG 千克/天	DMI 千克/天	TDN %	NEM Mcal/天	NEG Mcal/天	ME Mcal/天	RDP g/天	RUP g/天	RDP %	RUP %	CP %	Ca G/天	P g/天
100	0.3	3.0	56.5	2.64	0.47	6.0	255	110	8.6	3.7	12.4	14	7
	0.4	3.0	58.6	2.64	0.64	6.4	270	143	9.0	4.7	13.7	18	8
	0.5	3.1	60.7	2.64	0.82	6.7	284	175	9.3	5.7	15.0	21	10
	0.6	3.1	62.9	2.64	1.00	7.9	298	207	9.6	6.7	16.3	25	11
	0.7	3.1	65.2	2.64	1.19	7.3	310	239	10.0	7.7	17.7	28	12
	0.8	3.1	67.7	2.64	1.37	7.6	323	270	10.4	8.7	19.0	31	13
150	0.3	4.0	56.5	3.57	0.63	8.2	346	95	8.6	2.4	11.0	15	8
	0.4	4.1	58.6	3.57	0.87	8.7	366	124	9.0	3.0	12.0	19	10
	0.5	4.1	60.7	3.57	1.11	9.1	385	152	9.3	3.7	12.9	22	11
	0.6	4.2	62.9	3.57	1.36	9.5	403	180	9.6	4.3	13.9	25	12
	0.7	4.2	65.3	3.57	1.61	9.9	421	207	10.0	4.9	14.9	28	13
	0.8	4.2	67.7	3.57	1.86	10.3	437	234	10.4	5.5	15.9	31	14
200	0.3	5.0	56.5	4.44	0.79	10.2	429	81	8.6	1.6	10.3	17	10
	0.4	5.1	58.6	4.44	1.08	10.7	454	106	9.0	2.1	11.1	20	11
	0.5	5.1	60.7	4.44	1.38	11.3	478	131	9.3	2.6	11.8	23	12
	0.6	5.2	62.9	4.44	1.68	11.8	500	156	9.6	3.0	12.6	26	13
	0.7	5.2	65.3	4.44	1.99	12.3	522	179	10.0	3.4	13.4	29	14
	0.8	5.2	67.7	4.44	2.31	12.8	543	202	10.4	3.9	14.2	32	15
250	0.3	5.9	56.5	5.24	0.93	12.0	508	69	8.6	1.2	9.8	19	11
	0.4	6.0	58.4	5.24	1.28	12.7	537	91	9.0	1.5	10.5	21	12
	0.5	6.1	60.7	5.24	1.63	13.4	565	113	9.3	1.9	11.1	24	13
	0.6	6.1	62.9	5.24	1.99	14.0	592	135	9.6	2.2	11.8	27	14
	0.7	6.2	65.3	5.24	2.36	14.6	617	155	10.0	2.5	12.5	30	15
	0.8	6.2	67.7	5.24	2.73	15.2	642	175	10.4	2.8	13.2	32	16

表 1 - 28 　　小型品种非种用生长母牛（成年体重 450 千克）
每日营养需要量（DM 基础）表（续）

BW（公斤）	ADG 千克/天	DMI 千克/天	TDN %	NEM Mcal/天	NEG Mcal/天	ME Mcal/天	RDP g/天	RUP g/天	RDP %	RUP %	CP %	Ca G/天	P g/天
	0.3	6.7	56.5	6.01	1.07	13.8	582	58	8.6	0.9	9.5	20	12
	0.4	6.9	58.6	6.01	1.46	14.6	616	79	9.0	1.1	10.1	23	13
	0.5	7.0	60.7	6.01	1.87	15.3	648	98	9.3	1.4	10.7	26	14
300	0.6	7.0	62.9	6.01	2.28	16.0	678	117	9.6	1.7	11.3	28	15
	0.7	7.1	65.3	6.01	2.70	16.7	707	135	10.0	1.9	11.9	31	16
	0.8	7.1	67.7	6.01	3.13	17.4	736	151	10.4	2.1	12.5	34	17

表注：BW 体重、ADG 增重，DMI 干物质采食量

TDN 饲料总可消化养分，NEM 总能转化为消化能

NEG 代谢能转化为净能，ME 能量代谢

RDP 瘤胃可降解蛋白质，RUP 非瘤胃降解蛋白质

CP 粗蛋白，Ca 钙，P 磷，DM 干物质

四、青年母牛生长发育的监控与管理

幼牛的培育是奶农的一项重要任务，为使青年牛生长为发育良好的奶牛，不仅需要优良的遗传性能，更需要健全的管理。

1.0～3 月龄：注意环境卫生，公母犊分开饲养，单栏饲养，8～15 日龄时方可转移。

2. 喂初乳：初生犊自身不能产生抗体，出生后半小时内喂初乳，三日内，每日喂 4.5 升。3 日后可喂代乳料，每日 5～6 升，由于全乳含有过多的脂肪易使犊牛沾染副结核病。

4 日以后应给清洁饮水和柔软而富有滋味的精饲料。并逐渐饲喂优质干草、磨碎的玉米，促进瘤胃乳头最大程度地发育，当体

重达到 80~82 千克时,即可断奶。

3.3~10 月龄:是饲养的关键期,要求小牛发育理想并达到恰当的体况评分。此期体组织、骨骼、肌肉及重要器官的生长不能中断或受干扰,因为一旦生长发育受阻很难弥补。

日粮中要有充足的蛋白质,合适的能量,使体重、体高同时协调生长。防止出现过肥的奶牛。体况过肥对产犊时的乳房结构、质量及泌乳都有负面影响。10 月龄以上青年母牛喂优质饲草,不喂精料,但粗饲料质量低,如秸秆、则必须补饲精料,满足生长需要,喂玉米青贮易使牛过肥。

体重的测量:

通过测量胸围可以算出牛的体重:

表 1-29 奶牛理想生长指标表

生长发育期	占成年体重%	活重 千克	胸围 cm	体况评分	尻高 cm	平均日增重 g
初生	6	41				
断奶(2 月)	12	82	101	2.25		
6 月龄	26.5	180	129	2.3	108	550~600
12 月龄	50	340	161	2.8	126	700~800
14~15 月龄(配种)	55~60	375~408	168~174	3.0	130~133	800~850
18 月龄	68	460	182	3.25	135	675~725
24 月龄产后	85	580	197	3.5	144	600~650
成年奶牛	100	680	212			

体高:幼牛只有在第一年充分发育,到成年时才有适宜的体高。如果第一年发育迟缓,第二年就无法弥补。尻高达130～131厘米的母青年牛,其体重将达到375～400千克,并可配种,到产犊时体高达145厘米。

4.理想生长发育相关指标见表1-29。

(1)体况评分:其目的是使体况评分平缓的增加,到产犊时达3.5分。

(2)不同阶段营养需要见表1-30。

表1-30　　　　　　　　平均营养需要表

体重千克	干物质摄入(粗料)千克	精料千克	奶牛饲料单位 FUM	兆焦 MJ	可消化总养分 TDN	粗蛋白 CP %
100	1.5	1.75	2900	20.1	2210	17～18
150	2.9	1.0	3400	23.6	2000	16～17
200	4.6	0.5	4100	28.4	3130	16～17
250	5.2	0.5	4800	33.3	3600	15～16
300	6.1	0	5200	26.1	3970	15～16
350	7.0	0	5700	39.6	4350	15～16
400	7.3	0.5	6400	44.4	4890	14～～15
450	7.7	1.0	7100	49.3	5420	14～15
500	8.4	1	7700	53.5	5800	14～15

(3)青年母牛生长,使体高、尻高、胸围协调合理生长。年龄与体况评分适宜。

五、怀孕(初产)母牛的饲养与管理

1.妊娠初期(16～22月龄)

初次妊娠怀孕初期其营养需要和配种前差异不大,胎儿很小,母牛向宽深发展。日粮仍以优质干草、青贮和块根为主,少喂精补料。应让其自由采食、饮水、运动。仍按育成牛标准饲喂。

2. 妊娠中期(22～26 月龄)

胎儿中等,不要过量饲喂,体况肥度中等,过肥易难产。

3. 妊娠后期(临产前 60 天)

(1)此期胎儿发育迅速,应注意补加精料,每日 2～3 千克,粗料占 70～75%(以干物质计算)以保证胎儿发育的营养需要。如果饲草质量低下可以适当增加精补料(1～1.5 千克)。

(2)定时梳刷牛体,按摩乳房,每日 3 次,每次 5～10 分钟。此期切忌擦拭乳头,避免擦去乳头周围蜡状保护物或擦掉"乳头塞子",更不能做试挤奶。否则会引起乳头龟裂、乳房炎、乳头坏死等疾病。

(3)分娩前 30 天增加饲料量。精补料不超过体重的 1%,同时提高质量,增加磷、钙、维生素含量,或直接采用厂家生产的产前精补料。

(4)临产前 15 天转入产房,农村奶农的奶牛此期也要单独饲养,喂低钙日粮,使机体形成开始动员自身钙的机制,以防高钙日粮,产后发生产后瘫痪。但产后必须马上给高钙日粮(具体日粮配制见干奶牛饲养)。

六、育成牛的一般管理

1. 牛舍、运动场保持清洁卫生。

2. 每天刷拭牛体,保持牛体清洁。

3. 冬季要防寒,夏季要防暑,冬季舍温在 0℃ 以上,夏季在 28℃ 以下。

4. 运动场内设食盐、矿物质补饲槽、饮水槽,保证足够的新鲜、清洁饮水。夏季更应加强饮水供应。水质符合 NV5027 标准。运动场设置按每头育成牛 12 ~ 15 平方米。

5. 有草场条件的可放牧饲养。

6. 育成牛阶段公母分群饲养。母牛再按 7 ~ 12 月龄、13 ~ 18 月龄,以及大小、强弱分别饲喂,分群管理。

7. 12 月龄后,开始触摸乳房,作牵引调教。产前一个月停止乳房按摩。在 15 ~ 18 月龄配种妊娠后,停止擦拭乳头,以防擦去乳头周围异状保护物,引起乳头龟裂。

8. 记录每头育成牛的初情期,对长期不发情的育成牛,及时检查找出原因,对症治疗。

育成母牛的初情根据品种、体质、体况不同有所区别,一般 6 ~ 12 月龄应有初情表现。

9. 达到 16 ~ 18 月龄、体重 370 千克的育成母牛,可参加配种。并做好配种记录,转入怀孕母牛群或成年牛群。应适时配种,配种过早影响自身和胎儿发育,过晚影响胎次和终身产奶量,并易发生难产。

10. 每月进行一次体尺、体重测量,对照奶牛理想生长指标,看育成牛的生长发育,饲养管理是否正常。

11. 疫病防治,按有关规定执行,定期检查,定期免疫,及时防治各种传染病和普通病,保证育成牛群健康发展,正常发育,按时配种怀孕。就完成了育成母牛的饲养、管理、培育任务。

七、奶库管理

1. 及时验奶、验质、检斤、过滤、降温、保存,核对各班组产奶量后上报。

2. 奶桶、奶罐、管道及其他接触奶的用具,使用前后都需要洗刷干净,洗刷水严禁混入奶中。

3. 牛奶出场前先自检,不合格者不准出场。

4. 用奶罐车送奶,奶的损耗不准超过千分之一;用奶桶送奶不准超过千分之三。

5. 机械设备应定期检查、维修、保养。

第八节　奶牛的日粮配制

奶牛日粮要求各种营养成分比例恰当,能给奶牛提供维持基础代谢、成长、胎儿生长及泌乳所需的各种营养,日粮配制的原则是:

一、日粮配制原则

(一)满足营养需求。

要准确计算奶牛不同生产阶段的营养要求和各种饲料的营养价值。(见后附中国饲料成分及营养价值表,和 NY/T34 ~ 2001 奶牛饲养标准。)奶牛的饲养标准及饲养营养价值表是日粮配合的主要依据。有条件的可以实测各种饲料原料的主要养分的含量。它们的营养含量与地区、气候、以及一些人为因素有关。

(二)营养平衡,优化饲料组合原则。

配合日粮时要维持能量、蛋白质、矿物质、维生素、非结构性碳水化合物以及中性洗条纤维的平衡,将具有协同作用的营养因子尽可能配在饲料中,对有拮抗作用的因子要回避或改造后配合。在饲草方面,做到豆科与禾本科互补,高水分与低水分互补,蛋白质饲料,尽量做到降解饲料与非降解饲料互补,使配制的日粮营养均衡,适口性好,水分适当。

（三）精粗比根据奶牛生产阶段和粗饲料营养含量来定。

（四）经济实用。所使用的原料做到降低成本，争取效益最大化。饲料成本在养殖中是大头，约占 60% ~70%。

二、日粮配制方法

日粮配制的方法有电脑设计配制和手工计算法。电脑配方设计需要相应的计算机和配方软件，通过线性规划原理，在最短的时间内求出营养全价并且成本最低最优的日粮配方，适合规模化奶牛场使用。手工计算法包括试差法和对角线法。

日粮配合的基本步骤如下：

（一）查饲养标准。

根据奶牛的年龄、体重、生理状态、生产水平选择相应的饲养标准。要调整饲养标准时，先确定能量指标，然后根据饲养标准中能量标准与其他营养物质的比例关系，调整其他营养物质的需要量。

（二）确定粗饲料的摄取量。

一般情况下要求粗饲料摄取量占干物质总量的 30% ~70%。高产奶牛的粗饲料干物质消耗量占其体重的 1.6%，低产奶牛占其体重的 2%。在确定粗饲料的摄入量后，计算出粗饲料提供的能量，蛋白质等营养物质。

（三）计算精料中应含的营养物质。

从总需要营养量中减去粗饲料提供部分，得出精补料中应提供的营养物质量，根据对能量的需求量，确定所需精料补充料的量。

（四）确定现有参配饲料种类和精补料配方。

根据当地的饲料资源，确定可用的饲料种类，并查出饲料营养成分，按要求进行搭配，确定精补料的配方。

（五）调整钙磷含量，先用含磷高的饲料调整磷的含量，再用碳酸钙调整钙的含量。

三、奶牛饲料的使用

(一)奶牛预混合饲料的使用

预混合饲料是指由一种或多种添加剂原料与载体或稀释剂均匀混合物。目的是把微量元素、维生素、添加剂等均匀混合于大量的配料中,因为它们量少,一次混合不均匀,所以先把微量物质均匀分散在小麦粉、玉米粉、大豆壳粉中,然后再与配合饲料通过搅拌机均匀混合,成为可饲喂的奶牛日粮。预混料不能直接饲喂,要按该种预混料的要求配合其他饲料饲喂。

表 1 - 31　　　育肥奶牛微量元素预混计算及生产配方表

商品原料 (分子式)	饲养标准规定需要量 mg	纯品中元素含量%	商品原料纯度%	每千克全价料中用量 mg	生产配方		
					每吨全价料中用量 g	预混料配方%	每吨预混料中用料千克
硫酸铜 CuSo4 · 5H2o	铜 8	铜 25.5	90	32.68	32.68	1.634	16.31
碘化钾 KI	碘 0.5	碘 76.4	98	0.67	0.67	0.0035	0.335
硫酸亚铁 FeSO4 · 7H2O	铁 50	铁 20.1	98.5	252.54	252.54	12.627	126.27
亚硒酸钠	硒 0.3	硒 30	95	1.05	1.05	0.0525	0.525
硫酸锰	锰 40	锰 32.5	98	125.59	125.59	6.2795	62.795
硫酸锌	锌 30	锌 22.7	99	132.49	132.49	6.6745	66.745
硫酸钴	钴 0.1	钴 38.0	98	0.27	0.27	0.0135	0.135
载体					1453.71	72.6855	726.855
合计					2000	100	1000

表 1 - 32 　　　泌乳奶牛维生素预混料计算及生产配方表

商品原料	添加剂 IU/千克	原料中有效成分含量 IU/千克	每千克全价料中用量 g	生产配方		
				每吨全价料中用量 g	预混料配方%	每吨预混料中用料 千克
维生素 A	6400	500000	0.0128	12.8	2.56	25.06
维生素 D	2400	500000	0.0048	4.8	0.96	9.6
维生素 E	30	500	0.06	60	12	120
抗氧化剂 BHT				0.8	0.16	1.6
载体				421.6	84.32	843.2
合计				500	100	1000

（二）奶牛浓缩料的使用

浓缩料主要有蛋白质饲料、矿物质饲料（钙、磷、食盐）和添加剂预混合饲料，通常为全价饲料中除去能量饲料的剩余部分。一般占全价配合饲料的 20%～50%，加入一定能量饲料，组成全价饲料。

浓缩饲料中各种原料的配比，根据原料的来源、性质、价格的不同而各异。一般蛋白质含量占 40%～80%，矿物质饲料占 15%～20%，添加剂预混料 5%～10%。

一般购买浓缩料，回来再配玉米/饲草等达到全价料的要求。规模化奶牛场，都有饲料加工设备，自己加工可以一次性配合为精补料。如果采用 TMR 全混合日粮,更不用配制浓缩料,直接按生产要求配成 TMR 混合料。

奶牛浓缩料配制和使用原则:

首先考虑配制什么生产阶段的浓缩料要符合其营养要求。

不能采用单一蛋白饲料,不同蛋白饲料中氨基酸含量和氨基酸组成不同,特别要考虑必需氨基酸的配置量,使用两种以上蛋白(植物性)料,可以实现氨基酸的互补。

蛋白料的选择,除用豆粉、棕油外,还可以选用葵籽、胚芽籽、骨肉粉、乳清粉、苜蓿草粉以及合成的蛋氨酸、赖氨酸以补充必需氨基酸的不足。也可以适量加膨化尿素,以提高饲料含氮量。

配置多种微量元素、益生素、奶牛专用维生素、磷酸氢钙、碳酸钙等,调整钙磷比。或用其预混料。

抗氧化剂有助于维生素、脂肪和氨基酸的保存。

浓缩料在全价配合饲料中所占比例以 30% ~ 50% 为宜。

要求无异味、异色,经济实用。

(三)奶牛的精补料

奶牛的精料补充料是指除去饲草等粗饲料以外的能量饲料、蛋白饲料、矿物质饲料及其他添加剂的精饲料组合。其用量根据奶牛的体质、生产阶段的营养要求,配以粗饲料达到饲养日粮要求标准。

配制原则:

1. 根据生产性能与饲养标准确定精补料配方。

2. 注意所饲养奶牛的采食量和精粗饲料的比。精粗比一般在 30:70 之间变动,但精料不要超过 70%。

3. 注意所用饲料原料的质量。无发霉变质,无结块异味。水分含量不高于 14%,因为水分高于 14%,贮藏易霉变。粒度均匀,要求 99%能通过 2.8 毫米编织筛。

精补料要混合均匀,混合均匀度变异系数(CV)应不大于10%。

营养成分的要求:规模场自配料,其营养要求自己控制,按生产要求配制,如果是奶农购买成品料,除注意生产日期要近,保证饲料新鲜,更要注意质量,一般市售料分 3 级。

表 1-33　　　　　　　奶牛精补料营养成分指标表

产品分级	营养成分							
	综合净能 MJ/千克	粗蛋白 %	粗纤维 %	粗灰分 %	粗脂肪 %	钙%	磷%	食盐%
一级料	7.5	22	9	9	2.5	0.7~1.8	0.5	0.5~1.0
二级料	7.2	20	9	9	2.5	0.7~1.8	0.5	0.5~1.0
三级料	7.0	16	12	10	2.5	0.7~1.8	0.5	0.5~1.0

精补料若加非蛋白氮物质,以尿素计不得超过精料量的1.5%。犊牛料不得添加尿素,在商品标签中注明其含量、名称、用法及注意事项,因为非蛋白氮是靠瘤胃内纤毛虫分解利用后,奶牛再利用,而奶牛不能分解利用尿素等非蛋白氮,若添加尿素必须少量,混合均匀,否则由于超量会使奶牛中毒。

细菌及有毒害物质不得超标(见 GB13078 规定)。

4.注意生物安全。为了饲料的安全高效,对环境无污染,在精补料中不能添加任何有毒害物质而且长期残留的添加剂。在奶牛饲养、饲料生产中要建立可追溯标识制，保证对人和生物的安全。

5.经济实用的原则。对于广大奶农，应该采用当地的原料，或自己生产的原料，如玉米、甜菜等。实践中奶农买来商品精补料，不一定按厂家要求配用，而在此基础上再加自产或其他当地价格较低的玉米、葵饼等，形成新的自配料。这样生产效益可能低些，但从成本核算等方面考虑，虽然产能产量低些，但总体经济效益还是可以的，所以奶农多方挖掘资源潜力，提高经济和生态效益。

以上主要介绍了中国《高产奶牛饲养管理规范》和《无公害奶牛标准化饲喂技术》中提出的内容。同时补充一部分国内外有关资料，细化饲养标准和营养需要，按产奶量、体重、年龄、饲草性质等情况分别测得的营养需求量，予以叙述。供制定具体饲养规划及措施时参考、应用。

奶牛是一个活体，由于自身和环境情况的不同，对营养物质的需要也是一个活动性较大的变数，各家取得的资料也不尽相同，例如对500千克体重奶牛营养中粗蛋白质的需要在四个资料中的标准不同，美国（730千克体重）9.9%，中国分别为8%～10%，12.14%，11%～12%。所以我们在使用这些资料时要根据本场、本地区的实际情况选择使用。

表1-34

奶牛系列复合预混料表

主要成分：1%系列维生素、微量元素、酶制剂、益生素等；5%系列在此基础上另添加有磷酸氢钙、石粉、小苏打、食盐、植物蛋白。

推荐配方：(全价料)

主要营养成分分析保证值(见标签)

比例	产品编号	产品名称	适用阶段	混合比例%										配合营养成分(%)		
				玉米	麸皮	豆粕	菜粕	棉粕	磷酸氢钙	石粉	小苏打	食盐	预混料	粗蛋白	钙	磷
1%	1101	奶牛犊牛期1%复合预混料	0-6月龄	61	5	22	2	3	0.9	1.1	0.5	0.5	1.0	18.0	0.85	0.60
	1201	奶牛育成期1%复合预混料	育成期	58	12.4	10	2	8	0.9	1.1	0.8	0.8	1.0	16.0	0.90	0.60
	1301	奶牛泌乳期1%复合预混料	泌乳期	50	11.3	8	6	10	1.2	1.5	1.0	1.0	1.0	18.0	1.0	0.60
	1401	奶牛干奶期1%复合预混料	干奶期	53	18	6	5	7	1.1	1.3	0.8	0.8	1.0	16.0	0.85	0.60
	1501	奶牛围产期1%复合预混料	围产期	55	3.8	24	3	5	1.2	1.0	1.0	1.0	1.0	20.0	0.85	0.90
5%	1105	奶牛犊牛期5%复合预混料	0-6月龄	60	5	22	2	3	-	-	-	-	5.0	18.0	0.85	0.60
	1205	奶牛育成期5%复合预混料	育成期	58	12	10	2	8	-	-	-	-	5.0	16.0	0.90	0.60
	1305	奶牛泌乳期5%复合预混料	泌乳期	50	12	8	6	10	-	-	-	-	5.0	18.0	1.0	0.60
	1405	奶牛干奶期5%复合预混料	干奶期	53	18	6	5	7	-	-	-	-	5.0	16.0	0.85	0.60
	1505	奶牛围产期5%复合预混料	围产期	55	3	24	3	5	-	-	-	-	5.0	20.0	0.85	0.60

注意事项：1.不能直接饲喂，开包尽快用完。

2.推荐配方只做参考，我公司可根据客户的具体要求、原料种类、畜禽品种等，设计最佳方案。

3.请勿与其他公司产品混合使用，以免产生不良后果。

贮存：阴凉、干燥、通风、避光处储存，保质期6个月。

第二章　奶牛营养需要

奶牛在维持生命活动和生长、生产中要使用、消耗大量的营养物质,这些营养物质共分为五大类。

一、水的需求

动物体内含水约占 60% ~70%,奶牛每天都需要大量的水参与体内物质代谢,泌乳母牛更需要供给大量清洁饮水。由于牛奶中 87.5% 是水,干物质只占 12.5% 左右。一个体重 600 千克采食 15 千克干物质饲料的牛,日需水量 45 ~60 千克。在泌乳高峰期需水量更大。

(一)影响奶牛饮水量的主要因素

水是奶牛需要量最大的营养物质。奶牛每天总的自由饮水量受体型、产奶量、环境温度、饲料采食量、矿物质采食量、饲料干物质采食量、钠的摄入量等各种因素的影响。

(二)水的需求量

1. 犊牛:犊牛的饮水量从第一周龄大约 1 千克/日增加到第 4 周龄的 2.5 千克/日,而且更大的增加量出现在第 4 周。犊牛在采食液体饲粮(包括奶)时,必须供给自由饮水。这样增重率高而且可以预防水中毒。

2. 后备牛:后备牛随着体重的增加和环境温度的变化需水量出现变化。(见表 2 -1)

表 2 - 1　　　　　　　　　　后备牛需水量表

体重（千克）	不同温度下的需水量（千克／日）		
	4℃和4℃以下	16℃	27℃
91	8.8	11.6	14.5
181	16.3	20.3	26.9
363	27.8	34.8	46.7
544	38.3	47.6	63.9

　　3.泌乳牛:泌乳牛每摄入 1 千克干物质,需饮水 4.5 千克,高温时每采食 1 千克干物质需饮水 7 千克,或每产 1 千克奶,需供水 3 千克。一头体重 635 千克的牛,在不同的泌乳量和不同的环境温度下需水量(见表 2 - 2)。

表 2 - 2　　　　　　　泌乳牛不同温度下的需水量表

体重（千克）	产奶量（千克）	4℃和4℃以下	16℃	27℃
635	9	52.9	63.9	78.9
	27	96.9	115.0	135.2
	36	118.9	145.0	170.5
	45	141.0	166.1	201.3

　　4.干奶牛:影响干奶牛饮水量的主要因素为干物质采食量和日粮干物质含量。当日粮干物质含量从 30% 增加到 60% 时,自由饮水量增加;但日粮干物质含量超过 60% 时,对自由饮水量总水分摄入量影响很小。提高日粮粗蛋白含量会造成干奶牛自由饮水

的增加。干奶牛饮水量也随体重的增加和环境温度的上升而变化。如 635 千克干奶牛在 27℃时需水 71.4 千克;4℃及以下时需水 42.7 千克。

(三)奶牛饮水次数:拴系舍饲泌乳牛平均日饮水 1~4 次,散养在有水槽的圈舍的泌乳牛平均每日饮水 6.6 次。

水质对奶牛生产性能的影响(见表 2-3)。

表 2-3 奶牛饮水质量标准表

分析指标	可接受范围	超标时可能产生的问题
pH 值	6.0~8.0	饮水量下降
总可溶物	<1000ppm	超过 3000ppm 可导致短期腹泻,含量过高时引起拒饮和长期腹泻
盐分	<1000mg/L	对不适应这种饮水的动物可引起轻度短暂的腹泻
硬度	0~120ppm	一般无影响
铁	0~0.3ppm	口感不好,饮水量降低
硝基氮	0~10ppm	繁殖障碍
亚硝基氮	0~4ppm	繁殖障碍
硫酸盐	0~500ppm	饮水量减少,腹泻
细菌总数	<1000 个/ml	爆发疾病
大肠杆菌	<50/100ml	爆发疾病

饮水量和水质量对奶牛的健康和生产性能的维持与发展很重要。要供给充足的清洁饮水。

二、能量的需要

饲料能量的利用如下图：

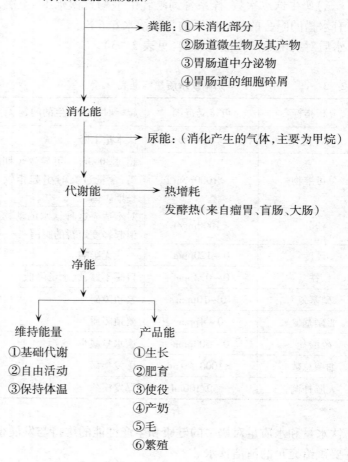

饲料的总能(燃烧热)

粪能：①未消化部分
②肠道微生物及其产物
③胃肠道中分泌物
④胃肠道的细胞碎屑

消化能

尿能：(消化产生的气体，主要为甲烷)

代谢能 → 热增耗
发酵热(来自瘤胃、盲肠、大肠)

净能

维持能量
①基础代谢
②自由活动
③保持体温

产品能
①生长
②肥育
③使役
④产奶
⑤毛
⑥繁殖

奶牛能量需要是用奶牛能量单位(NND)表示的。

例如一千克乳脂率 4% 的标准乳的能量，即 3138(kj)千焦产奶静能作为一个"奶牛能量单位"；一千克干物质 89% 的玉米其奶产静能为 9004(MJ)兆焦。

$$\frac{9004\text{MJ}}{3138\text{kj}} = 2.87\text{NND}$$

在生产上，直接反应为 1 千克玉米能量可相当于生产 2.87 千克奶能量的价值。

当能量需要量超过瘤胃能负担的脂肪量时，就要喂包膜脂肪微粒。这种产品能通过瘤胃在小肠内消化，既能满足奶牛的能量需要，又不降低瘤胃内粗纤维的消化率。

三、蛋白质的需要

蛋白质是构成牛体组织体细胞的基本原料，是修补及更新体组织的必须物质，是生产肉、奶、皮、毛等畜产品的主要成分。

牛瘤胃内有大量有益的细菌和纤毛虫，它们可以把蛋白质分解为可利用吸收的氨基酸，还可以利用非蛋白氮、组织纤维等，组成菌体和虫体蛋白，到真胃和小肠被吸收利用。我们要给这些微生物和纤毛虫创造适宜的生活、繁殖的瘤胃环境，充分发挥其生产动物性蛋白质的能力。这是科学养牛的重要一环。

四、矿物质的需要

按各种矿物质在牛体内含量的不同，分为常量元素和微量元素。

常量元素：是指占动物体重 0.01% 以上的矿物元素；如钙、磷、镁、钠、钾、氯、硫等元素。

微量元素：是指占体重 0.01% 以下的元素。主要有铁、铜、锌、锰、碘、钴、硒等元素。

各种元素都在维持机体正常生理代谢过程起着不可缺少的作用,一旦缺乏某种矿物质元素会导致机体物质代谢严重障碍,并降低生产能力。某种元素过高或不足都会引起机体代谢、生理活动紊乱而发生针对性疾病,例如钙磷给量不足,或钙磷比例不当会发生佝偻病、软骨病、生产瘫痪。

五、维生素的需要

动物维生素的需要量很少,但它对维持机体的健康、促进机体的生长繁殖是不能缺少的一组有机物,在家畜营养中起着重要作用。维生素按其溶解性分为脂溶性维生素如维生素 A、D、E、K 等,水溶性维生素,如维生素 C、B 等。牛瘤胃内微生物能合成维生素 B 组、维生素 K 和维生素 C,而维生素 A、D、E 必须由日粮提供。

六、奶牛一般饲养标准及日粮组成

奶牛的营养需要分为公母牛繁殖对营养的需要、胚胎发育对营养的需要、生长期对营养的需要、泌乳、产毛、产肉对营养的需要。根据不同生长时期、生产阶段的营养需要制订饲养标准、饲料配比。

表 2 - 4   **500 千克体重日产 20 千克标准乳奶牛饲养标准表**

标准	干物质 (千克)	产奶净能 (MJ)	粗蛋白 (克)	钙 (克)	磷 (克)	胡萝卜素
维持需要	6.56	37.57	488	30	22	53mg
产奶需要	8~9.0	62.80	1700	90	60	
合计	14.56~15.56	100.37	2188	120	82	>53mg

根据上述标准组成奶牛日粮：

表 2 - 5　　　　　　　　奶牛饲粮组成表

	千克	干物质 千克	产奶净能 MJ	粗蛋白 g	钙 （克）	磷 （克）	盐 （克）	胡萝卜素 mg
羊草	3	2.748	12.93	222	11.1	5.4		
玉米青贮	15	3.840	25.20	315	12.0	9.0		175.5
玉米	4.5	3.978	32.22	387	3.6	9.45		
大豆粕	2.35	2.129	19.48	1010.5	7.52	11.75		
麸皮	1.8	1.595	10.85	252.0	3.24	14.04		
脱胶骨粉	0.2	0.190			72.78	32.74		
石粉	0.03	0.028			10.19			
食盐	0.04	0.04						
合计	26.94	14.548	100.68	2186.5	120.43	82.38	40	175.5

　　目前,各饲料厂家都生产预混料和浓缩料我们可以按厂家说明予以配合。根据不同的生产阶段、不同的粗饲料用精补料调节日粮营养浓度,以适应生产需要。

第三章　奶牛常用饲料及其加工调制

饲料是满足家畜营养需要,维持生命活动和生产动物产品的物质基础。牛奶、牛肉都是牛采食饲料中的养分经体内转化而产生的。

养牛常用的饲料分为粗饲料、青饲料、青贮饲料、能量饲料、蛋白质饲料、矿物质饲料、维生素饲料和饲料添加剂等八大类。

一、粗饲料及其加工调制方法

粗饲料是指农作物秸秆、秕壳、收割的牧草、制作的干草。是养牛的基础饲料。

1. 青干草、天然野草、种植牧草和饲料作物收割晒制的干草

禾本科在抽穗期,豆科在花蕾期是营养物质含量丰富的最佳收割晒制期,颜色青绿、气味芳香、质地柔软是优质的过冬饲料。割下的草可在原地晾晒干,然后收搂打捆、集堆。水分在 12% ~ 15% 以下才可贮藏。集堆的干草防潮、防雨、防火、防霉变,霉变以后就不可以继续饲喂奶牛。

人工干燥的青干草中维生素 A 元损失少、而缺乏 VD。维生素 A 含量为 5 ~ 40 毫克/千克,晒制干草维生素 D 含 16 ~ 35 毫克/千克。

表 3 – 1　　　　　青草饲料营养价值表（干物质基础）

	干物质	产奶净能	奶牛能量单位	CP	CF	Ca	P
	%	NEL	NND	%	%	%	%
苜蓿	87.7	5.86	1.87	20.9	35.9	1.68	0.22
红三叶	87	5.43	1.73	19.6	28.8	1.32	0.33
苕子	90.5	5.99	1.91	21.1	32.9	1.29	0.36
野干草	93.1	4.65	1.48	7.9	28.0	0.66	0.42
羊草	91.6	4.73	1.51	8.1	32.1	0.40	0.20
青贮玉米	29.2	5.03	1.60	5.5	31.5	0.31	0.27
青贮甜菜叶	37.5	5.78	1.84	12.3	19.7	1.04	0.26

2. 秸秆及秕壳类

北方产的玉米秸、小麦秸、莜麦秸、豆秸、糠麸等精加工调制可以成为农村来源广、种类多、成本低的养牛饲料。秸秆中粗纤维含量高,约含 20% ~ 45%,粗蛋白含量低,禾本科秸秆中粗蛋白含 3.2% ~ 6.2%,豆科秸秆稍高约 6.8% ~ 11.1%,胡萝卜素含量极少,约 2 ~ 5 毫克/千克。秸秆类饲料容积大、质地硬、难消化的木质素含量高,适口性较差,经过加工调制以后可以提高消化利用率。

表 3 - 2　　　　　　秸秆饲料营养价值(干物质为基础)表

	干物质	产奶净能	奶牛能量单位	CP	CF	Ca	P
	%	NEL	NND	%	%	%	%
玉米秸	91.3	6.07	1.93	9.3	26.2	0.43	0.25
小麦秸	91.6	2.34	0.74	3.1	44.7	0.28	0.03
大麦秸	88.4	2.97	0.94	5.5	38.2	0.06	0.07
粟(谷)秸	90.7	4.27	1.36	5.0	35.7	0.77	0.03
大豆秸	89.7	3.22	1.03	3.6	52.1	0.68	0.03
豌豆秸	87.0	4.23	1.35	8.9	39.5	1.31	0.40
花生秸	91.3	5.02	1.60	12.0	32.4	2.69	0.04
甘薯藤	88.0	4.60	1.47	9.2	32.4	1.76	0.14
稻草	92.2	3.47	1.11	3.5	35.5	0.16	0.04

3. 秸秆的加工调制方法

包括机械加工、化学处理和微生物处理等方法,可以因地制宜选用。目的是提高适口性、增加消化利用率、发挥其应有的饲养作用。

(1)麦秸碾青法

将麦秸铺在平地上,厚约 17～30 厘米;在麦秸上面铺上同样厚的青割苜蓿,苜蓿上再铺上相同厚度的麦秸,然后用石磙碾压;流出的苜蓿汁液被麦秸吸收,掉下的叶片混在麦秸中。这样压过的苜蓿在夏秋暴晒一天就干了。这样苜蓿和麦秸混合饲喂,可提高麦秸的适口性和营养价值,苜蓿营养损失少。

（2）切断揉搓法

农村常用的方法是切断成 2～3 厘米,少用揉搓法。如果采用揉搓法,把饲草揉成细丝状可提高适口性和消化利用率及采食吃净率。

（3）石灰乳碱化法

在容器中制成 1% 生石灰水溶液,将铡短的小麦秸浸泡 5 分钟,并搅动、捞出控干,堆放 24 个小时即可喂牛,不必用水冲洗。

石灰液可循环使用,到颜色变褐有臭味时不能再用,用过的石灰水浓度降至 0.25%～0.5%,使用时要补足浓度。

（4）尿素氨化法

由于秸秆中有尿素酶,加入尿素,在塑膜覆盖下,尿素在尿素酶的作用下分解出氨,对秸秆进行氨化。氨化时应含水 15%～20%,有的直接通入氨气或氨水进行氨化。氨化可以降解部分粗纤维、提高干物质的消化率,由 59% 提高到 64%,而且增加了麦秸中的含氨量,粗蛋白由 4% 提高到 12%。

具体做法是:每 100 千克铡碎的秸秆,用尿素 3 千克。先将 3 千克尿素溶解在 60 千克水中,将秸秆逐层放入预先制好的窖中或塑膜上,每堆一层就均匀的喷洒一层尿素溶液,堆完将其余尿素溶液喷洒在最上面,最后盖上塑料薄膜,用土压紧、密封,夏季需 1～3 周,气温低需 4～8 周。启封使用。喂前先打开晾一天,或将日喂部分取出晾一天,将残余氨味晾尽,否则奶牛不爱吃。同时防止吃入氨或尿素过多而中毒。

（5）微贮饲料调制

微贮是一项有前途的调制方法,它的技术是把秸秆发酵用的活杆菌等菌种加入农作物秸秆中,放入密封的容器,经一定时间发酵过程,使秸秆变成带有酸香味,可以分解部分粗纤维,提高营养价值,提高适口性,提高秸秆的利用价值。

微贮的方法:包括菌种复活、菌液配制、喷洒菌液和密封。开窖取用时从一端开始,由上而下逐段取用,每次取完要用塑料薄膜将窖口封严,尽量避免与空气接触,防止二次发酵变质。微贮料可作为奶牛粗饲料,喂时要与其他粗、精饲料搭配。开始喂要有一个适应过程,一般喂量、15~20 千克/头日。

目前市场上微贮用菌种较多,各家都有具体使用说明,这里不加详述。微贮是项新技术,微贮后的饲草品质和适口性有所改善,但达不到产品说明的高效。据有关研究单位报告,到目前为止还没找到理想的可以大面积推广的菌种。有的厂家生产的是几个菌种的复合物,有的是单一菌种,形式不一。养牛场或奶农可以试用,目前可不作为重点推广项目。

二、青饲料和青贮饲料

(一)青饲料

植物茎叶、草地牧草、田间杂草、栽培牧草以及桑叶等青饲料被广泛用来喂牛,是夏季养牛的主要饲料。青饲料蛋白质含量丰富,多种维生素含量较高、幼嫩多汁、纤维素含量低,适口性好,消化率高,由于青饲料含水高,生产的牛奶中干物质比例有所下降,影响奶质,应当调整精补料喂量。

现在农村奶农大量种植青割玉米、青割高粱、饲用甜菜,是解决饲草的好办法,但需注意:

高粱苗、玉米苗(幼苗)、三叶草、南瓜蔓、桃、李、杏树叶中含有氰甙,经霉变或在胃酸作用下,生成氰氢酸,它可抑制细胞色素酶的活性,使红细胞携带的氧不能进入组织细胞,发生中毒现象。

预防的方法,一是不割喂玉米和高粱的幼嫩苗,二是晾晒 2~3 小时后再喂(指青割草)。如果发生中毒可以肌注 1% 亚硝酸钠溶液 1 毫升/千克体重。

草木樨含有香豆素,奶牛吃了以后变为双香豆素,其结构与维生素 K 相似,它与维生素 K 发生竞争性拮抗作用,使机体发生出血,可用维生素 K 治疗。

可以用 1% 石灰水浸泡 24 小时,水冲后饲喂。

在使用青绿饲料时除注意氰氢酸、双香豆素中毒外,还要注意硝酸盐和亚硝酸盐、脂肪族硝基化合物及皂甙以及其他农药的中毒。避免因中毒造成不应有的损失。

青绿饲料中几种牧草主要营养成分与赖氨酸、蛋氨酸含量见表 3 - 3。

表 3 - 3 牧草主要营养成分与赖氨酸、蛋氨酸含量表(干物质%)

	粗蛋白	粗纤维	灰分	Ca	P	赖氨酸	蛋氨酸	氨基酸总量
禾本科	5.78	32.44	8.29	0.4	0.15	0.24	0.17	5.09
豆科	10.91	36.70	5.0	0.84	0.21	0.44	0.15	7.46
菊科	10.89	29.68	8.39	1.16	0.27	0.55	0.62	10.89
莎草科	7.30	27.11	10.71	0.38	0.16	0.22	0.14	4.37
蓼科	10.75	28.78	6.93	1.16	0.18	0.32	0.16	6.08
平均值	9.08	30.65	7.89	0.84	0.20	0.35	0.23	6.81

注:摘自李复兴:《配合饲料大全》

（二）青贮饲料

青贮是项成熟的技术，可大面积推广使用。

可供青贮的青饲料种类很多，如玉米、高粱、葵花盘、甜菜叶、甜菜丝等。但在奶牛场、农村主要是搞玉米带穗青贮，现在有专门用于青贮的玉米品种，这种玉米在北方 8 月 15 日以后灌浆，进入乳熟期，开始制作带穗玉米青贮。此时全株营养丰富，青贮后营养保存多。还可以在籽粒成熟后，瓣了棒子，全株青绿仍适用于青贮，在农村，后者青贮形式多用。

青贮量按每头牛 15 立方米预算。

青贮成功的条件：

1. 根据实际情况制作青贮窖。最简易的是挖个长方形土坑，连底带帮都铺上塑料布即可使用。

2. 做到随割、随切碎、随即注入窖中、随即踩实封严，这样保证水分在 65% ~ 70%。营养不会因秸秆割倒后继续呼吸而损失。

3. 压实、封严、尽量排出窖内空气，制造厌氧环境，保证乳酸菌正常发育繁殖，使青贮料 pH 值降到 4 左右。

4. 贮 40 ~ 50 天以后即可取用。成功的青贮呈绿色、有酸香醇味。如果压不实有了空气，则粘成块、有臭味，不可饲喂。

5. 青贮原料有足够的糖分，带穗玉米切碎是最好的青贮饲料，收割以乳热期为最好时机。

一般含糖在 2% 以上为最好。禾本科牧草和农作物青秸含碳水化合物量高，易于青贮，其他含糖量低的豆秸、葵花盘等应与之混合青贮。过于干的或收了棒子的黄秸秆，在做青贮时加水能提高糖分的溶解度，加速发酵。

（三）凋萎作物制作半干青贮

豆科牧草含蛋白质高，比较难青贮。用凋萎豆科等作物制作半青半干青贮是比较好的方法。凋萎作物增加了原料中糖分含量，减少了渗出液，干物质增高，体积和重量都缩小。上世纪60年代初美国人创造了半青干贮，用凋萎的半干苜蓿制作半干青贮成功。从而使豆科牧草保存变的容易了。至今欧美各国仍在采用。并取得很好的饲养效果。

半干青贮原料含干物质25%～30%，是青贮成功的第一个指标。手工测定适宜的湿度方法是：抓一把打碎的青贮原料，用力捏，不出水、只湿手为适宜湿度。

在田间将开花期的苜蓿、嫩绿期沙打旺、草木樨和开花期燕麦等割倒晾晒一天后，使水分降到55%以下，进行切碎当即青贮。

半干青贮，一般青贮和干草中干物质含量分别是24%、45%和89%。

三、能量饲料

主要指玉米、大麦、高粱、燕麦等淀粉占干物质70%～80%的谷物。尤其玉米是养牛的主要能量饲料。

(一)各自的特点

玉米：蛋白含量低且品质差，粗蛋白含量在7%～9%。缺乏赖氨酸、蛋氨酸、色氨酸。微量元素含量低。维生素A高，含量为2～3.3毫克/千克，较丰富；维生素E含量为20毫克/千克，缺乏VD、VK和VB2

储存时易霉变，黄曲霉菌感染严重，在使用时一定要注意防霉败。

高粱：营养成分类似玉米，但低于玉米，含单宁；鸡对单宁敏感。矿物质含量除铁外，均不能满足动物需要。由于含有单宁，在饲粮中需控制在10%以内。

大麦:皮大麦与裸大麦之总称。

它是能量饲料中含粗蛋白较高的一种,高达 11% ~ 20.3%(国产);赖氨酸高达 0.6%,色氨酸、异亮氨酸均高于玉米,矿物质、微量元素也较高。

小麦:优于玉米,缺赖氨酸,含硫氨酸、色氨酸等。

稻谷:缺乏必须氨基酸和微量元素,锌、锰含量较高。

麸皮:含有粗纤维和硫酸盐,有缓泻作用,VB、VE 含量丰富,含磷量高,为 1% ~ 1.32%。是母牛产前产后调养性饲料。

米糠:粗蛋白含量 12.5%,赖氨酸 0.73%,高于玉米,含脂肪高达 16% ~ 22.4%,含有胰蛋白酶抑制剂,且活性较高,易氧化、酸败,引起腹泻。可脱脂使用。

(二)加工调制

1. 粉碎:牛以中磨为好,细度直径 1 ~ 2 毫米

2. 压扁:据报道压扁玉米、高粱更适于喂牛。喂前用水泡软效果好。压扁蒸煮后喂肉牛,增重效果可提高 10% ~ 15%

3. 糖化:是把精料中一部分淀粉转化为麦芽糖。

4. 发芽:大麦、燕麦发芽后可以增加维生素 B 和 E,胡萝卜素、维生素 C。

方法:将大麦用 15℃温水浸泡 15 ~ 24 小时后堆放到木盘内,厚 3 ~ 5 厘米,盖上麻袋,上面经常喷洒清水,室温保持在 20℃ ~ 25℃,一般 5 ~ 8 天芽长到 6 ~ 8 厘米喂牛,喂量为 100 ~ 150 克/头日。

5. 颗粒饲料:由厂家专门设备制作,颗粒饲料多用于犊牛,成年牛基本不用。它提高了饲粮成本。颗粒料饲喂方便、适口性好,咀嚼时间长利于消化,营养齐全,充分利用饲料资源,减少损失浪费。但是加工成本高。

四、蛋白质饲料

(一)豆类、饼粕类

主要指大豆、黑豆、豆粕、胡粕、葵花籽粕、棉子粕、花生粕。目前配合饲料中主要用饼粕类蛋白料,农村养牛常直接用豆类。直接用时应加热熟化,破坏抗胰蛋白酶的酶。

大豆营养丰富,含粗蛋白质36%,赖氨酸含2%。

粕、饼类含蛋白质在31%～42%,氨基酸含量较完全。豆粕含赖氨酸高,菜籽粕含粗蛋白35%～39%、赖氨酸1.40%、色氨酸0.50%、蛋氨酸0.41%、胱氨酸0.6%～0.8%,氨基酸组成较平衡而且高。

棉籽饼粕精氨酸含量高,约3.67%～4.41%,花生仁粕、含蛋白45%～48%,品质不如豆粕,适口性好,极易感染黄曲霉菌。为避免感染,储存水分必须小于12%。

葵花仁饼粕壳多、粗纤维多,必须氨基酸含量低,蛋白质补充价值不大。但是反刍动物的良好饲料。

棉籽饼粕和菜籽饼粕中含有不同的有毒物质,使用时要脱毒、而且要适当控量。

(二)动物性蛋白质饲料

主要有鱼粉、血粉、羽毛粉、骨肉粉等,是比较好的蛋白质饲料,含蛋白质50%～60%,必须氨基酸完全,维生素、矿物质含量也较多,但价格较高。

(三)菌藻类

酵母菌含粗蛋白50%～60%、赖氨酸5%～7%,含硫氨基酸2%～3%,维生素含量高。犊牛添加量1%,育肥小公牛添加量

3%～5%。

真菌:基本同酵母菌

藻类:含粗蛋白质 40%～60%,粗纤维 10%,50 多种矿物质元素。乳牛添加量 70～100 克/日,肥育牛 40～50 克/日。

(四)无机蛋白补充料(无机氮添加剂)

①尿素:含氮 46%,1 千克约等于 2.88 千克粗蛋白。

育成牛最大用量 100 克/头日,生长牛 68 克/头日,怀孕牛和泌乳牛少用。

用尿素拌料时注意拌匀,分多次喂给;有 2～3 周的适应期,不能同时饮水,切忌空腹喂大量,不能与生豆类、苜蓿籽等混合喂;病弱幼畜不喂。

现在市售用于拌饲料的有膨化尿素、缓释尿素等。

②缩二尿对反刍畜几乎无毒,含氮 41%,略溶于水,氮的利用率高。

③异丁基双尿含氮 30.3%,在瘤胃中降解慢。

④脂肪酸尿素是较好的非蛋白氮饲料,不吸湿、不粘结、易混合,缓慢分解。

⑤还有尿素磷酸盐(含氮 17.7%)和糖蜜脲。

五、矿物质饲料

主要有石粉、磷酸氢钙、食盐、骨粉、贝壳粉、蛋壳粉等。是生长、繁殖、生产、健康不可缺少的饲料。一般采食多种饲料基本能满足需要。对高产奶牛光靠天然饲料是不够的,必须人为补给。

六、其他饲料添加剂

包括多种维生素、微量元素、益生素、抗菌素等。

现在各饲料厂家生产的预混料内容主要是上述饲料,有1%的、3%的、5%的添加量不等。

3%和5%的其中加有矿物质或蛋白饲料。

第四章 中国奶牛场现代化经营管理

第一节 奶牛场现代化经营管理要点

一、中国奶牛场与发达国家相比

改革开放以前,80%的奶牛饲养在城郊国营农牧场,现在80%的奶牛饲养在农民家中,平均每户饲养 5 头左右。随着奶业的快速发展,部分奶农扩大了饲养规模,一些有钱人也投资建设奶牛场。2004 年 100 头以上的奶农,奶牛存栏 123 万头,,占总存栏 1108 万头的 11.2%,牛奶产量 365 万吨,占总产奶量的 16.4%。特别在乳品企业的带动下,各地建立了不少奶牛养殖小区,是小规模大群体,初步实现了挤奶机械化、智能化,但饲养还很粗放。一些经营者缺乏科学管理奶牛场及小区的知识和经验,把饲养 100 头等同与饲养 1 头奶牛,很难在短时间内赶上先进国家水平。

表4-1　　　　　　中国奶牛场与发达国家奶牛场的比较表

项目	中国	发达国家
奶牛品种	基本是荷斯坦	以荷斯坦为主兼顾其他品种(娟姗牛/西门塔尔/瑞士褐牛等)
规模(头)	小(100~1000)	大(1000~10000)
牛舍建设	不标准/差别大	标准/舒适度高/利于机械操作
饲料、饲草	很少检测营养成分/配方不标准/特别是粗饲料质量差	定期监测营养成分/配方标准/粗饲料质量高
机械化程度	部分	大部分(挤奶/饲喂/清粪/牧草收割)
电脑数据化	少数使用/数据统计分析粗	多数使用/数据统计分析细
防疫检疫	力度不够/补贴少	严格净化/补贴
疾病	多(饲养管理差)	少(饲养管理好)
奶牛科研	不细/科研推广差	较细/科研推广好
奶牛场业主	文化低/接受新技术慢	文化高/主动接受新技术
环境卫生	起步阶段/不卫生	注重环保/卫生
饲草地/放牧地	少	多
成本	低	高
鲜奶质量	一般	较好
奶牛场管理	不专业	专业

二、奶牛场的现代化经营管理要点

1. 优化品种

饲养品种应当产奶量高,鲜奶优质,目前以荷斯坦牛为主;娟姗牛、西门塔尔牛也有少量饲养。注重育种,建立奶牛档案,系谱资料要完整,实施人工受精,胚胎移植,引进优良品种。

2. 牛群结构合理

一般成年母牛占 60% ~ 65%;育成后备牛占 25% ~ 30%;犊母牛 5% ~ 10%。

3. 牛群规模适中

发达国家 1000 ~ 10000 头(机械化程度高,管理水平高);中国大型牛场饲养 500 ~ 5000 头,规模太大管理难度也大,不利于环保。

4. 配种怀孕

牛场饲养及时配种怀孕是首要任务,产后 60 ~ 90 天准胎,产犊间隔 12 ~ 14 个月,全年受胎率大于 85%,育成牛 15 ~ 18 个月,体重达 350 ~ 400 千克,开始配种。

5. 饲料

饲料成本占总成本的 60% ~ 65%,相对集中采购,精饲料保证一月库存,粗饲料保证一年(干草/青贮等);定期对精饲料粗饲料检测营养成分,保证饲料的质量。配制全价的饲料,特别要使用优质的粗饲料(苜蓿、带穗玉米青贮)。

6. 奶料比(奶价/饲料价格)

一般 1.5:1 以上较好,最好 2:1;世界平均 1.3:1。中国 2003年统计在 1.2:1。显示中国玉米、豆粕用量多,饲料价格高。奶料比是指产 1 千克奶所需饲料的数量。

7. 防疫检疫

定期打疫苗,如口蹄疫、结核、布病等疫苗,并定期检疫。买健康奶牛,奶牛进出场严格消毒制度,净化奶牛群。

8. 奶牛疾病

预防乳房炎、子宫炎、蹄病、代谢病等,死亡率争取控制在 1% ~5%。

9. 淘汰奶牛

年淘汰率应在 15% ~30%,及时淘汰低产牛、病牛、发育不良等无饲养价值的牛。

10. 牛舍建设

各牛场,尤其新建牛场尽量把牛场牛舍建设的更科学合理,如牛床、水粪沟、饲料库、运动场、环保设施等。建设沼气池,科学利用奶牛粪尿,变废为利,这些虽然增加成本,但可提高产出、增加效益。

11. 数据统计

充分使用电脑,建立数据库,分析数据,提高管理能力。认真开展奶牛性能检测(DH1),对提高奶牛单产,鲜奶质量、奶牛健康改善及品种改良等具有重要的作用。

12. 提前做好各种生产计划,包括人员、牛群周转、饲料、产奶、配种、产犊、防检疫计划等。

13. 犊牛饲养(1~6月)中重视预防疾病、合理控制日增重在 700 克 ~720 克。

14. 育成牛饲养

合理控制日增重,7~12 月龄达到 105 千克,13~17 月 190 千克,17~18 月体重 375 千克。

15. 建立健全奶牛生产经营责任制

细化各个方面的的责任和权利,与鲜奶产量质量挂钩,这是相当重要的措施,执行力度一定要到位,高技术没有好的管理也不能充分发挥作用,达到高投入、高效益的目标。

　　奶牛场或奶牛养殖户在饲养管理、企业经营的过程中需要细化、量化、现代化、科学化的内容很多,在中共十八大上提出科学管理、科学决策、依靠科技进步,搞好各项工作。管理经营一个规模化的大中型奶牛场更要有科学头脑,以场为家,以场为业,从大处着眼、细处入手,严谨务实地搞好每一项工作。上面 15 项内容只是主要的几个方面、而且没有系统的叙述,不过其中大部分内容在本书不同章节有较详细的说明,可参阅。

第二节　美国奶牛高效饲养模式

　　美国是世界奶业强国,其现代化程度和饲养效率很高。我们在推广奶牛高效饲养技术的时候,参照美国的做法对我们加速奶业的高效发展是有益的。

　　第一,是建立高产牛群。

　　美国奶牛平均产奶量居世界首位,奶牛群有良好的遗传基因。305 天产奶量都在 10 吨以上,奶牛群体都在 500 头以上,使用现代繁育技术,使高产奶牛快速扩群。有的家庭农场经营了上百年,经过 4 ~ 5 代人经营、研究,积累了丰富的生产管理经验。

　　第二,是生产现代化。

　　大多数农场的奶牛几乎全部采用自由采食饲养,采用高科技设备,仅用极少的人力就可以完成每天奶牛的检查、治疗和配种等日常工作。其设备就是奶牛脖上带一个感应识别器,与计算机相连,利用专业软件对奶牛进行管理。其 70% 的工作都是在现代化的挤奶厅完成的。每天兽医师的主要任务就是花上半个小时,在计算机上输入当天的资料,同时通过计算机检查第二天要处理的牛和临时增加的清单,以便完整有效地处理、记录牛群。这些工作只需要通过点击鼠标和键盘就可以完成,查找资料方便快捷。

例如一个农场,干奶牛和挤奶牛共 1850 头,不算轮休人员,21 个员工就可以完成工作,一个人就能完成喂料。利用现代化设施是美国提高生产效率的一个重要手段。

第三,服务水平高。

美国现代农场追求的是高水平专业化技术服务,牛场的很多工作都是请专业技术服务公司完成的。例如同期发情配种请专业的品种改良公司来完成,由专业的营养师调配饲料,修蹄也有专业公司,妊娠诊断都有专业的兽医师等。专业化分工造就了高水平的专业技术人员,比如兽医师对奶牛配种后 35 天妊娠诊断准确率都在 95% 以上。几乎所有的大农场都聘请兽医师、营养师为顾问,或者直接聘请为农场的经管人员。自 1999 年以来,农场规模迅速扩大,增加了对高水平专业人员的需求和依赖。

第四,奶牛高淘汰率。

几乎所有的奶牛都是快节奏、高效率的生产,间隔 8 小时挤一次奶。如此高效生产,也伴随着奶牛的高淘汰率。据最新统计,全美近十年奶牛平均淘汰率为 34.3% ~ 37.3%,其中乳房炎、繁殖疾病、低产量、蹄病和受伤四大疾病的淘汰率占总淘汰率的 89%。在爱荷华州一个有 4000 头的挤奶牛场,对发现的乳房炎病牛根本不治疗,直接淘汰。

第五,高度集约化生产。

美国农业人口减少,土地资源丰富、劳动力缺少,从而迫使美国奶牛生产向集约化、高科技现代化发展。同时,其世代农业生产技术的管理经验也为奶牛生产现代化、规模化提供了有利的技术、资金的支持。

第三节　我国奶牛养殖业正向先进水平迈进

　　2009 年,我国养牛 10726.53 万头。其中奶牛 1260.33 万头,产牛奶 35518.84 万吨。单产 2834 千克/头,比 1999 年奶牛 463.3 万头,年产奶 713.8 万吨、单产 1514 千克/头,有了很大进步。单产提高 54.37%。这个成绩是经过这十年奶牛业大发展取得的,来之不易,应当乘胜前进。(见表 4 - 2)

　　这期间也新生了不少集约化,生产水平较高的奶牛场,但多数还是分散经营,小规模、大群体。2009 年,1~4 头的奶牛养殖户有 1816359 户,50~100 头的奶牛养殖户 13685 户,而 1000 头以上的场户只有 706 户。因而整体规模效益,科学化程度与世界先进水平有一定差距。表现在选种选育体系不健全,意识不到位,多数养牛者只顾养不重视选育高产奶牛。由于分散经营抗风险能力低,投资建设现代化生产设备、引进高产奶牛的资金少,对政府政策的依赖性大。因而我国大面积的质量提高,设备现代化、养殖观念科学化的进度缓慢。应当集中优势力量,从政策、资金、技术等多方面推进我国奶牛养殖业现代化、科学化、高效化水平。为此,

　　1. 着力推进专业化科技人才的培养,集中科研院所人才、设备的优势,培养一批具有科技知识、生产实践的专业人才,为我国下一个十年的奶牛和奶业的发展打下人才基础。

　　2. 着力提高养殖规模,我国奶牛养殖户有 147 万余户,平均户养 5 头。而欧洲和美国,户养规模在千头以上,韩、日户养奶牛规

模也在 60 头以上。实践证明,没有规模就没有规模效益,也不能实施机械化、智能化的大型现代化设备和管理。要实现现代化管理技术,必须户上规模或以村为单位,以牛入股,建设现代化规模养牛场、区。三鹿奶粉事件中淘汰了一部分散养户,从而证明规模化生产可以做到无公害、安全生产、保证产品的安全,无害和抗风险能力。

3. 着力推进奶牛品种改良、提高奶牛单产。为此必须引进优良品种,改造我国低产牛。中国奶牛遗传基因库,不具备竞争力,目前中国奶牛平均为美国单产的 30.33%,是沙特阿拉伯的 18.93%。优秀的验证公牛冻精是高新技术的产物,是高智力、高投入的产品,与我国大部分生产的冻精是不同的概念。中国目前还不具备验证公牛的能力和条件。我们要创造条件培育合格的验证公牛。鼓励合资企业带来国外优良的遗传资源,大面积改良中国荷斯坦奶牛。不断提升中国荷斯坦奶牛的优良生产性能。

4. 理顺企业与奶农的关系,共同投入,共同盈利。据介绍,美国和欧洲的养殖户都与乳品企业为一个经济共同体,奶农的利益得以充分体现。

因此,国家应该出台政策,协调关系、创造机制使奶农与乳品企业共同取利,摆脱现在的局面。大部分奶农心顺、有利就会积极经营,去投入、去学习,大面积的提高奶牛质量和生产水平。

5. 组建高产奶牛园区、现代化养殖园区。目前,有些养牛重点省、市、自治区,正积极推进规模化,良种化养牛过程。为此推广胚胎移植,性别鉴定,引进先进设备、技术,奶牛养殖使由粗放型向集约型转变。

进一步加大对奶农的培训力度,推广养牛新技术,改善饲料结构,鼓励和扶持建设一批奶牛规模养殖园区。

表4-2　　　　　　　　　世界各国奶牛发展情况表

年份 国别	奶牛头数（万头）				年产奶量（万吨）				年头均产奶量（千克）			
	1965	1977	1999	2009	1965	1977	1999	2009	1965	1977	1999	2009
世界总				24686				57845				2343
美国	1619.5	1098.4	913.6	922.4	5699.5	5577.2	7348.2	8618	3519	5078	8043	9343
澳大利亚	322.6	220	200.2		681.3	589.7	98.2	922.3	2112	2680	4906	
荷兰	169	225.7	159		706.8	1068.2	1089.5	1128.6	4183	4733	6852	7698
日本	64.7	96.8	126.5		271.3	571.3	848	798.2	4193	5903	6704	7384
苏联(俄)	3725.2	4198.7	1350	922.1	6382.6	9430	3180	3211.7	1713	2246	2356	
中国			463.3	1265.3			713.8	3585.4			1541	2834

注：2009的数字来自《中国畜牧业年鉴》

中国奶牛总数在世界排名第 4 位,牛奶年总产量在世界排第 3 位,而奶牛平均年头产奶在世界排第 58 位。

中国从 1999 年到 2009 年的十年间,单产由 1541 千克增长为 2834 千克,增长 1.84 倍。可见这十年间,中国的奶业和奶牛养殖业进入发展快车道。下一个十年将是以理性速度向前发展的十年。

第四节　电子标识技术在奶牛标准化饲养管理上的应用

食品安全控制新机制要求政府建立有效的动物和动物产品的追踪系统,以便对动物的饲养、运输、屠宰及其产品流通和加工等环节实施全过程、全范围和有序的管理和控制。快速发展的电子标识系统就成为建立可追溯系统的最佳选择。

一、射频识别技术与动物电子识别

(一)射频识别系统的构成及其工作原理

射频识别技术(Radio Frequeney Identificition 简称 RFID 技术)是一项利用射频信号通过空间耦合(高变磁场或电磁场)实现无接触信息传递并通过所传递的信息达到识别目的的技术,上世纪 90 年代以来,射频识别技术迅速发展,因其数据存储量大、写读速度快、使用方便、读写距离远等特点,已被广泛用于身份识别、物流管理、物品追踪、防伪、交通、动物管理等许多领域,射频识别系统主要由应答器(transponder)、阅读器(reader)和数据处理系统组成。

(二)动物电子标识

动物电子标识(Animal Electronie Identificbtion)是用来标识动

物属性的一种具有信息存储和处理能力的射频标识(RFID),是射频技术在动物管理中的应用。动物电子标识系统中的电子标识存储了动物的各种信息,并有一个严格按照国际标准化组织(ISO)编码标准编制的 16 位号码,做到全球唯一。在实际应用中、根据不同的用途,动物电子标识通常设计并封装成注射植入型、耳挂型、瘤胃型和脚环型等多种形式。而阅读器通常为手持式阅读器或门框型等多种形式。可以在一定距离内识别动物并阅读该动物的所有信息,后台数据处理系统则可以根据动物管理的实际需要、目的设计出相应的软件作为为该系统正常工作的基础和支撑。

二、电子标识在动物管理中的应用

对动物进行电子标识识别为牧场的现代化管理提供了一套切实可行的方法,电子标识系统可以准确全面的记录动物的饲养、生长及疾病防治等情况,同时还可对肉类品质等信息进行准确标识,从而实现动物及动物产品从饲养到销售的可跟踪管理。

(一)电子标识在动物及动物产品追溯中的应用

电子标识注射到动物体内,不易损坏和丢失;其内部存储的数据也不易更改和丢失,再加上电子标识编号全球唯一性,使得电子标识实现 100% 的一畜一标,可以用来追溯动物的品种、来源、免疫情况以及健康状况等重要信息,从而为动物防疫和兽药残留等监控工作服务。更重要的是,当放置有电子标识的动物在屠宰时,电子标识中的信息和屠宰场的数据一起被存储在出售该动物肉品的超市展卖标识中。该标识提供食品内容或来源史以及分销数据,并可通过各种食品制造阶段进行跟踪,并能通过餐馆供应网分销链,家庭消费者购买食品的超市等进行精确监控。

(二)电子标识在牲畜日常饲养管理中的应用

由于非接触 RFID 电子标识的出现,一些自动化定量饲喂系统才得以应用。美国奥斯本公司设计的全自动母猪饲喂系统（TEAM）、全自动种猪生产性能测定系统（FIRE）、生长育肥猪自动分阶段饲养系统（Weight wather）以及我国依马克公司设计的精确饲养系统和产奶自动计量管理系统等多种牲畜饲养和管理系统都是以电子标识为前提的。

电子标识管理系统，除了企业内部在饲养的自动配给和产量统计等方面的应用之外，还可以用于动物标识和疫病监控、质量控制及追踪动物品种等方面，是掌握动物健康状况和控制动物疫情发生的极为有效的管理方法。

（三）电子标识在宠物管理中的应用

目前许多国家和地区都对宠物实行了电子标识管理。

三、电子标识在国外动物管理中的应用

现在欧美等国都采用电子标识系统，在管理、监控动物的饲养、防疫、销售等情况。

在澳大利亚，最早在养牛业中采用电子标识并广泛建立了奶牛自动管理系统。这个系统使在挤奶时，就可以清楚知道牛奶的脂肪含量，体细胞数和产奶量等，同时帮助饲养者掌握饲喂量，并及时发现患病动物，节省财力。

日本要求在2004年12月1日前在从农场、屠宰场、加工、销售到零售等所有的环节实施可追溯性体系。

四、我国推行动物电子标识的必要性

（一）推行电子标识是完善我国动物及动物产品可追溯性体系、做好当前食品工作的一项重要措施。

（二）推行电子标识是实现与国际接轨、扩大畜产品对外出口的一项举措。

（三）实行动物电子标识管理可以获得良好的经济效益。

饲料消耗直接影响养殖成本和经济效益。由于应用电子标识系统和相应的电子软件可以精确、自动地根据奶牛不同生产时期、营养状况供给饲料,使饲料最大化地发挥作用而不浪费。对育肥牛羊更是要精确的用料、及时出栏取得更好的经济效益。推行电子标识、引入精密喂养系统就能准确的掌握动物的生产、生长、繁殖、疾病、采食等情况,及时提醒管理者,并可自动调剂饲料的种类和数量。通过这一系统可以及时处置,避免浪费、提高经营效益、这也是养畜者所追求的。

五、电子标识是实现现代化饲养管理的关键技术

电子标识是实现饲喂、挤奶、监管、跟踪等措施的基础或关键性技术。要实现这项措施还必须要有相应的机械、配套系统软件等来实现。

自动化给喂设施,必须有配套的配料、拌料、送料的自动化机械来实现,相应的还有个性化的配方及粉碎、加湿等功能。

自动化挤奶必须有挤奶厅、自动化挤奶器。

如行走式机器人挤奶,菱形鱼骨式挤奶机、平行快出式挤奶机、直列式挤奶机、双桶或单桶移动式挤奶机。

市售的有全混合日粮饲料搅拌机、分立式、卧式、固定式、牵引式、自走式等,牧场管理软件等。

饲料是牛奶生产中最大的单项成本,投资改善饲喂管理是有利可图的事。较好的科学化饲喂管理可以提高饲喂效果,降低成本,也能改善奶牛的繁殖与健康,减少环境影响。饲料的质量可以通过使用正确优良的科学配方、精确的饲喂方法,以及正确的合理使用营养添加剂可以得到改善。

下面介绍几种自动化饲喂机械(见下图)。

图 4 - 1　鱼骨式自动脱落厅

图 4 - 2　双桶式挤奶车

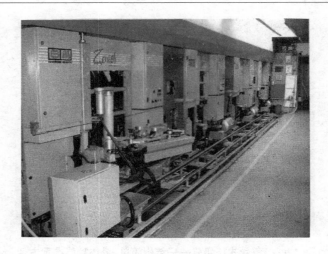

图 4 - 3　行走式机器人挤奶机——挤奶技术的顶点

图 4 - 4　菱形鱼骨式挤奶机——气势恢弘的集中挤奶

图4-5　鱼骨式挤奶机——结构简单，系统功能选配方便

图4-6　平行快出式挤奶机——更大规模挤奶，快速疏散

图 4 - 7　双桶式移动式挤奶机——为您提供更多的方便

图 4 - 8　直列式挤奶机——单头进入,更实用高效的挤奶站

图4-9　行走式机器人挤奶机——挤奶技术的顶点

六、实现"三化"是奶业进行技术升级的重要社会基础

纵观国外建设现代奶业,共同特点是规模化、集约化、一体化。在这"三化"的基础上,可以广泛采用奶业配套技术和管理方法,如果没有"三化"作前提,小规模、家庭式养殖,对采用先进技术的投资信心不足、迫切性不强。只有采取了先进技术才能提高奶业生产水平,才能更好地进行资源配置和利益分配。

现代奶业包括育种、原料奶生产、乳制品加工和市场营销全过程的现代化,是牵涉面广的技术改造升级和奶业经济发展的综合过程,不可偏废。

2014年8月,国务院常委会议上提出在我国要大力推行并建设生产服务、技术服务、营销服务等多种产业化服务型产业及产业链。乳业和奶牛养殖业中要建设服务型产业,必须以"三化"为基础。

附　录

中华人民共和国主席令

第九号

《中华人民共和国食品安全法》已由中华人民共和国第十一届人民代表大会常务委员会第七次会议于2009年6月1日起施行。

中华人民共和国主席　胡锦涛
2009 年 2 月 28 日

一、《中华人民共和国食品安全法》

（2009 年 2 月 28 日第十一届全国人民代表大会常务委员会第七次会议通过）

目　录

第一章　总则

第一章　总则

第一条　为保证食品安全,保障公众身体健康和生命安全,制定本法。

第二条　在中华人民共和国境内从事下列活动,应当遵守本法。

（一）食品生产和加工（以下称食品生产）,食品流通和餐饮服务（以下称食品经营）:

（二）食品添加剂的生产经营;

（三）用于食品的包装材料、容器、洗涤剂、消毒剂和用于食品生产经营的工具、设备（以下称食品相关产品）的生产经营;

（四）食品生产经营者使用食品添加剂和食品相关产品的安全管理。

（五）对食品、食品添加剂和食品相关产品的安全管理。

供食用的源于农业的初级产品（以下称食用农产品）的质量安全管理,遵守《中华人民共和国农产品质量安全法》的规定。但是,制定有关食用农产品的质量安全标准、公布食用农产品安全相关信息,应当遵守本法的有关规定。

第三条　食品经营者应当依照法律、法规和食品安全标准从事生产经营活动,对社会和公众负责,保证食品安全,接受社会监督,承担社会责任。

第四条　国务院设立食品安全委员会,其工作职责由国务院规定。

国务院卫生行政部门承担食品安全综合协调职责,负责食品安全风险评估、食品安全标准制定、食品安全信息公布、食品检验机构的资质认定条件和检验规范的制定,组织查处食品安全重大事故。

国务院质量监督、工商行政管理和国家食品药品监督管理部门依照本法和国务院规定的职责,分别对食品生产、食品流通、餐饮服务活动实施监督管理。

第五条　县级以上地方人民政府统一负责、领导、组织、协调本行政区域的食品安全监督管理工作,建立健全食品安全全程监督管理机制;统一领导、指挥食品安全突发事件应对工作;完善、落实食品安全监督管理责任制,对食品安全监督部门进行评议、考核。

县级以上地方人民政府依照本法和国务院的规定确定本级卫生行政、农业行政、质量监督、工商行政管理、食品药品监督管理职责。有关部门在各职责范围内负责本行政区域的食品安全监督管理工作。

上级人民政府所属部门在下级行政区域设置的机构应当在所在地人民政府的统一组织、协调下,依法做好食品安全监督管理工作。

第六条　县级以上卫生行政、农业行政、质量监督、工商行政管理、食品药品监督管理部门应当加强沟通、密切配合,按照各自职责分工,依法行使职权,承担责任。

第七条 食品行业协会应当加强行业自律,引导食品生产经营者依法生产经营,推动行业诚信建设,宣传、普及、普及食品安全知识。

第八条 国家鼓励社会团体、基层群众性自治组织开展食品安全法律、法规以及食品安全标准和知识的普及工作,倡导健康的饮食方式,增强消费者食品安全意识和自我保护能力。

新闻媒体应当开展食品安全法律、法规以及食品安全标准和知识的公益宣传,并对违反本法的行为进行舆论监督。

第九条 国家鼓励和支持开展与食品安全有关的基础研究和应用研究。鼓励和支持食品生产经营者为提高食品安全水平采用先进技术和先进管理规范。

第十条 任何组织或者个人有权举报食品生产经营中违反本法的行为,有权向有关部门了解食品安全信息,对食品安全监督管理工作提出意见和建议。

第二章 食品安全风险监测和评估

第十一条 国家建立食品安全风险监测制度,对食源疾病、食品污染以及食品中的有害因素进行监测。

国务院卫生行政部门会同国务院有关部门制定、实施国家食品安全风险监测计划。省、自治区、直辖市人民政府卫生行政部门根据国家食品安全风监测计划,结合本行政区域的具体情况,组织制定、实施本行政区域的食品安全风险监测方案。

第十二条 国务院农业行政、质量监督、工商行政管理和国家食品药品监督管理等有关部门获知有关食品安全风险信息后,应当立即向国务院卫生行政部门通报。国务院卫生行政部门会同有关部门对信息核实后,应当及时调整食品安全风险监测计划。

第十三条 国家建立食品安全风险评估制度,对食品、食品添加剂中生物性、化学性和物理性危害进行风险评估。

国务院卫生行政部门负责组织食品安全风险评估工作,成立由医学、农业、食品、营养等方面的专家组成的食品安全风险评估专家委员进行食品安全风险评估。

对农药、肥料、生长调节剂、兽药、饲料和饲料添加剂等的安全性评估,应当有食品安全风险评估专家委员会的专家参加。

食品安全风险评估应当运用科学方法,根据食品安全风险监测信息、科学数据以及其他有关信息进行。

第十四条 国务院卫生行政部门通过食品安全风险监测或者接到举报法发现食品可能存在安全隐患的,应当立即组织进行检验和食品安全风险评估。

第十五条 国务院农业行政、质量监督、工商行政管理和国家食品药品监督管理等有关部门应当向国务院卫生行政部门提出食品安全风险评估的建议,并提供各有关信息和资料。

国务院卫生行政部门应当及时向国务院有关部门通报食品安全风险评估的结果。

第十六条 食品安全风险评估结果是制定、修订食品安全标准和对食品安全实施监督管理的科学依据。

食品安全风险评估结果得出食品不安全结论的,国务院质量监督、工商行政管理和国家食品药品监督管理部门应当依据各自职责立即采取相应措施,确保该食品停止生产经营,并告知消费者停止食用;需要制定、修订相关食品安全国家标准的国务院卫生行政部门应当立即制定、修订。

第十七条 国务院卫生行政部门应当会国务院有关部门,根据食品安全风险评估结果、食品安全监督管理信息,对食品安全状况进行综合分析。对经综合分析表明可能具有较高程度安全风险的食品,国务院卫生行政部门应当及时提出食品安全风险警示,并予以公布。

第三章　食品安全标准

第十八条　制定食品安全标准,应当以保障公众身体健康为宗旨,做到科学合理、安全可靠。

第十九条　食品安全标准是强制执行的标准。除食品安全标准外,不得制定其他食品强制性标准。

第二十条　食品安全标准应当包括下列内容:

(一)食品、食品相关产品中的致病性微生物、农药残留、兽药残留、重金属、污染物物质以及其他危害人体健康物质的限量规定;

(二)食品添加剂的品种、使用范围、用量;

(三)专供婴幼儿和其他特定人群的主辅食品的营养成分要求;

(四)对食品安全、营养有关的标签、标识、说明书的要求;

(五)食品生产经营过程的卫生要求;

(六)与食品安全有关的质量要求;

(七)食品检验方法与规程;

(八)其他需要制定为食品安全标准的内容。

第二十一条　食品安全国家标准由国务院卫生行政部门负责制定、公布,国务院标准化行政部门提供国家标准编号。

食品农药残留、兽药残留限量规定及其检验方法与规程由国务院卫生行政部门、国务院农业行政部门制定。

屠宰畜、禽的检验规程由国务院有关部门会同国务院卫生行政部门制定。

有关产品国家标准规定内容的,应当与食品安全国家标准相一致。

第二十二条　国务院卫生行政部门应当对现行的食用农产品质量安全标准、食品卫生标准、食品质量标准和有关食品的行业标准中强制执行的标准予以整合,统一公布为食品安全国家标准。

本法规定的食品安全国家标准公布前,食品生产经营者应当按照现行食用农产品质量安全标准、食品卫生标准、食品质量标准和有关食品标准生产经营食品。

第二十三条　食品安全国家标准应当经食品安全国家标准审评委员会审查通过。食品安全国家标准审评委员会由医学、农业、食品、营养等方面的专家以及国务院有关部门的代表组成。

制定食品安全国家标准,应当依据食品安全风险评估结果并充分考虑使用农产品质量安全风险评估结果,参照相关的国际标准和国际食品安全风险评估结果,并广泛听取食品生产经营者和消费者的意见。

第二十四条　没有食品安全国家标准的,可以制定食品安全地方标准。

省、自治区、直辖市人民政府卫生行政部门组织制定食品安全地方标准,应当参照执行本法有关食品安全国家标准制定的规定,并报国务院卫生行政部门备案。

第二十五条　企业生产的食品没有食品安全国家标准或者地方标准的,应当制定企业标准,作为组织生产的依据。国家鼓励食品生产企业制定严于食品安全国家标准或者地方标准的企业标准。企业标准应当报省级卫生行政部门备案,在本企业内部适用。

第二十六条　食品安全标准应当供公众免费查阅。

第四章　食品生产经营

第二十七条　食品生产经营应当符合食品安全标准,并符合下列要求:

(一)具有生产经营的食品品种、数量相适应的食品原料处理和食品加工、包装、贮存等场所,保持场所环境整洁,并与有毒、有害场所以及其他污染源保持规定的距离;

(二)具有与生产经营的食品品种、数量相适应的生产经营设备或者设施,有相应的消毒、更衣、盥洗、采光、照明、通风、防腐、防尘、防蝇、防鼠、防虫、洗涤以及处理废水、存放垃圾和废气物的设备或者设施;

(三)有食品安全专业技术人员、管理人员和保证食品安全的规章制度;

(四)具有合理的设备布局和工艺流程,防止待加工食品与直接入口食品、原料与成品交叉污染、避免食品接触有毒物、不洁物;

(五)餐具、饮具和盛放直接入口食品的容器,使用前应当洗净、消毒,饮具、用具后应当洗净,保持清洁;

(六)贮存、运输和装卸食品的容器、工具和设备应当安全、无害,保持清洁,防止食品污染,并符合保证食品安全所需的温度等特殊要求,不得将食品与有毒、有害物品一同运输;

(七)直接入口的食品应当有小包装或者使用无毒、清洁的包装材料、餐具;

(八)食品经营人员应当保持个人卫生,生产经营食品时,应当将手洗净,穿戴清洁的工作衣、帽;销售无包装的直接入口食品时,应当使用无毒、清洁的售货工具;

（九）用水应当符合国家规定的生活饮水标准；

（十）使用的洗涤剂、消毒剂应当对人体安全、无害；

（十一）法律、法规规定的其他要求。

第二十八条　禁止生产经营下列食品：

（一）用非食品原料生产的食品或者食品添加剂以外的化学物质和其他危害人体健康的物质量超过食品，或者用回收食品作为原料生产的食品；

（二）致病性微生物、农药残留、兽药残留、重金属、污染物质以及其他危害人体健康的物质含量超过食品安全标准限量的食品；

（三）营养成分不符合食品安全标准的专供婴幼儿和其他特定人群的主辅食品；

（四）腐败变质、油脂酸败、霉变生虫、污秽不洁、混有异物、掺假掺杂后者感官性状异常的食品；

（五）病死、毒死或者死因不明的禽、畜、兽、水产动物肉类及其制品；

（六）未经动物卫生监督机构检疫或者检疫不合格的肉类，或者未经检验或者检验不合格的肉类制品；

（七）被包装材料、容器、运输工具等污染的食品；

（八）超过保质期的食品；

（九）无标签的预包装食品；

（十）国家为防病等特殊需要命令禁止生产经营的食品；

（十一）其他不符合食品安全标准或者要求的食品；

第二十九条　国家对食品生产经营实行许可制度。从事食品生产、食品流通、餐饮服务，应当依法取得食品生产许可、食品流通许可、餐饮服务许可。

取得食品许可的食品生产者在其生产场所销售其生产的食

品,不需要取得食品流通许可;取得餐饮服务许可的餐饮服务提供者在其餐饮服务场所出售其制作加工的食品,不需要取得食品生产和。流通的许可;农民个人销售其自产的食用农产品,不需要取得食品流通的许可。

食品加工小作坊和食品摊贩从事食品生产经营活动,应当符合本法规定的与其生产经营规模、条件相适应的食品安全要求,保证所生产经营的食品卫生、无毒、无害,有关部门应当对其加强监督管理,具体管理办法由省、自治区、直辖市人民代表大会常务委员会依照本法制定。

第三十条 县级以上地方人民政府鼓励食品生产加工小作坊改进生产条件;鼓励食品摊贩进入集中交易市场、店铺等固定场所经营。

第三十一条 县级以上质量监督、工商行政管理、食品药品监督管理部门应当依照《中华人民共和国行政许可法》的规定,审核申请人提交的本法第二十七条第一项至第四项规定要求的相关资料,必要时对申请人的生产经营场所进行现场核查;对符合规定条件的,决定准予许可;对不符合规定条件的,决定不予许可并书面说明理由。

第三十二条 食品生产经营企业应当建立健全本单位的食品安全管理制度,加强职工食品安全知识培训,配备专职或者兼职食品安全管理人员,做好对所生产经营场所进行核查;对所生产经营食品的检验工作,依法从事食品生产经营活动。

第三十三条 国家鼓励食品生产经营企业符合良好生产规范要求,实施危害分析与关键控制点体系,提高食品安全管理水平。

对通过良好生产规范、危害分析与关键控制点体系认证的食品生产经营企业,认证机构应当依法实施跟踪追查;对不再符合认证要求的企业,应当依法撤销认证,及时向有关质量监督、工商行政管理、食品药品监督管理部门通报,并向社会公布。认证机构实施跟踪调查不收取任何费用。

第三十四条　食品生产经营者应当建立并执行从业人员健康管理制度。患有痢疾、伤寒、病毒性肝炎等消化道传染病的人员,以及患有活动性肺结核、化脓性或者渗出性皮肤病等有碍食品安全的疾病人员,不得从事接触直接入口食品的工作。

食品生产经营人员每年应当进行健康检查,取得健康证明后方可参加工作。

第三十五条　食用农产品生产者勇当依照食品安全标准和国家有关规定使用农药、肥料、生长调节剂、兽药、饲料和饲料添加剂等农业投入品。食用农产品的生产企业和农民专业和农民专业合作经济组织应当建立食用农产品生产记录制度。

县级以上农业行政部门应当加强对农业投入品使用的管理和指导,建立健全农业投入品的安全使用制度。

第三十六条　食品生产者采购食品原料、食品添加剂、食品相关产品,应当查验供货者的许可证和产品合格证明文件;对无法提供合格证明文件的食品原料,应当依照食品安全标准进行检验;不得采购或者使用不符合食品安全标准的食品原料、食品添加剂、食品相关产品。

食品生产企业应当建立食品原料、食品添加剂、食品相关产品进货查验记录制度,如实记录食品原料、食品添加剂、食品相关产品的名称、规格、数量、供货者名称及联系方式、进货日期等内容。

食品原料、食品添加剂、食品相关产品进货查验记录应当真实,保存期限不得二年。

第三十七条　食品生产企业应当建立食品出厂检验记录制

度,查验出厂食品的检验合格证和安全状况,并如实记录食品的名称、规格、数量、生产日期、生产批号、检验合格证号、购货者名称及联系方式、销售日期等内容。

食品出厂检验记录应当真实,保存期不得少于二年。

第三十八条 食品、食品添加剂和食品相关产品的生产者,应当依照食品安全标准对所产生的食品、食品添加剂和食品相关产品进行检验,检验合格后方可出厂后者销售。

第三十九条 食品经营采购者采购食品,应当查验供货者的许可证和食品合格的证明文件。

食品经营企业应当建立食品进货查验记录制度,如实记录食品的名称、规格、数量、生产批号、保质期、供货者名称及联系方式、进货日期等内容。

食品进货查验记录应当真实,保存期限不得少于二年。

实行统一配送经营方式的食品经营企业,可以由企业总部统一查验供货者的许可和食品合格证明文件,进行食品进货查验记录。

第四十条 食品经营应当按照保证食品安全的要求贮存食品,定期检查库存食品,及时清理变质后者超过保质期的食品。

第四十一条 食品经营者贮存散装食品,应当在贮存位置标明食品名称、生产日期、保质期、生产者名称及联系方式等内容。

食品应经这销售散装食品,应当在散装食品的容器、外包装上标明食品的名称、生产日期、保质期、生产经营者名称及联系方式等内容。

第四十二条 预包装食品的包装上应当有标签。标签应当标明下列事项:

(一)名称、规格、净含量、生产日期;

（二）成分或者配料表；

（三）生产者名称、地址联系方式；

（四）保质期；

（五）产品标准代号；

（六）贮存条件；

（七）所使用的食品添加剂在国家标准中的通用名称；

（八）生产许可证编号；

（九）法律、法规或者食品安全标准规定必须标明的其他事项。

专供婴幼儿和其他特定人群的主辅食品，其标签还应当标明主要营养成分及其含量。

第四十三条 国家对食品添加剂的生产实行许可制度。申请食品添加剂生产许可的条件、程序，按照国家有关工业产品生产许可证管理的规定执行。

第四十四条 申请利用新的食品原料从事食品生产或者从事食品添加剂新品种、食品相关产品新品种生活动的单位或者个人，应当向国务院卫生行政部门提交相关产品的安全性评估材料。国务院卫生行政部门应当自收到申请之日起六十日内组织对相关产品的安全性评估材料进行审查；对符合食品安全要求的，依法决定准予许可证并予以公布；对不符合食品安全要求的，决定不予以许可并书面说明理由。

第四十五条 食品添加剂应当在技术上确有必要经过风险评估证明安全可靠，方可列入允许使用的范围。国务院卫生行政部门应当根据技术必要性和食品安全风险评估结果，及时对食品添加剂的品种、使用范围、用量的标准进行修订。

第四十六条 食品生产者应当依照食品安全标准关于食品添加剂的品种、使用范围、用量的规定使用食品添加剂；不得在食品生产中使用食品添加剂以外的化学物质和其他可能危害人体健康的物质。

第四十七条　食品添加剂应当有标签、说明书和包装。标签、说明书应当载明本法第四十二条第一款第一项至第六项、第八项、第九项规定的事项,以及食品添加剂的使用范围、用量、使用方法,并在标签上载明"食品添加剂"字样。

第四十八条　食品和食品添加剂的标签、说明书,不得含有虚假、夸大的内容,不得涉及疾病预防,治疗功能。生产者对标签、说明书上所载明的内容负责。

食品和食品添加剂的标签、说明书应当清楚、明显,容易辨识。

食品和食品添加剂与其标签、说明书载明的内容不符的,不得上市销售。

第四十九条　食品经营者应当按照食品标签标示的警示标志、警示说明或者注意事项的要求,销售预包装食品。

第五十条　生产经营的食品中不得添加药品,但是可以添加按照传统既是食品又是中药材的物质。按照传统既是食品又是中药材的物质的目录由国务院卫生行政部门制定、公布。

第五十一条　国家对声称具有特定保健功能的食品实行严格监管。有关监督管理部门应当依法履职,承担责任。具体管理办法由国务院规定。

声称具有保健功能的食品不得对人体产生急性、亚急性或者慢性危害,其标签、说明书不得涉及疾病预防、治疗功能,内容必须真实,应当载明适宜人群、不适宜人群、功效成分或者标志性成分及其含量等;产品的功能和成分必须与标签、说明书相一致。

第五十二条　集中交易市场的开办者、柜台出租者和展销会举办者,应当审查入场食品经营者的许可证,明确入场食品经营者的食品安全管理责任,定期对入场食品经营者的经营环境和条件进行检查,发现食品经营者有违反本法规定的行为的,应当及时制止并立即报告所在地县级工商行政管理部门或者食品药品监督管理部门。

集中交易市场的开办者、柜台出租者和展销会举办者未履行前款规定义务,本市场发生食品安全事故的,应当承担连带责任。

第五十三条 国家建立食品召回制度。食品生产者发现其生产的食品不符合食品安全标准,应当立即停止生产,召回已经上市销售的,食品,通知相关生产经营者和消费者,并记录召回和通知情况。

食品经营者发现其经营的食品不符合食品安全标准,应当立即停止经营,通知相关生产经营者和消费者,并记录停止经营和通知情况。食品生产者认为应当召回的,应当立即召回。

食品生产者应当对召回的食品采取补救、无害化处理、销毁措施,并将食品召回和处理情况向,县级以上质量监督部门报告。

食品生产经营者未依照本条规定召回或者停止经营不符合食品安全标准的食品的,县级以上质量监督、工商行政管理、食品药品监督管理部门可以责令其召回或者停止经营。

第五十四条 食品广告的内容应当真实合法,不得含有虚假、夸大的内容,不得涉及疾病预防、治疗功能。

食品安全监督管理部门或者承担食品检验职责的机构、食品行业协会、消费者协会不得以广告或者其他形式向消费者推荐食品。

第五十五条 社会团体或者其他组织、个人在虚假广告中向消费者推荐食品,使消费者的合法权益受到损害的,与食品生产经营者承担连带责任。

第五十六条 地方各级人民政府鼓励食品规模化生产和连锁

经营、配送。

第五章　食品检验

第五十七条　食品检验机构按照国家有关认证认可的规定取得资质认定后,方可从事食品检验活动。但是,法律另有规定的除外。

食品检验机构的资质认定条件和检验规范,由国务院卫生行政部门规定。

本法施行前经国务院有关主管部门批准设立或者经依法认定的食品检验机构,可以依照本法继续从事食品检验活动。

第五十八条　食品检验由食品检验机构指定的检验人独立进行。

检验人应当依照有关法律、法规的规定,并依照食品安全标准检验规范对食品进行检验,尊重科学,恪守职业道德,保证出具的检验数据和结论客观、公正,不得出具虚假的检验报告。

第五十九条　食品检验实行食品检验机构与检验人负责制。食品检验报告应当加盖食品检验机构公章,并有检验人的签名或者盖章。食品检验机构和检验人对出具的食品检验报告负责。

第六十条　食品安全监督管理部门对食品不得实施免检。

县级以上质量监督、工商行政管理、食品药品监督管理吧部门应当对食品进行期或者不定期的抽样检验。进行抽样检验,应当购买抽取的样品,不收取检验费和、其他任何费用。

县级以上质量监督、工商行政管理、食品药品监督管理部门在执法工作中需要对食品进行检验的,应当委托符合本法规定的食品检验机构进行,并支付相关费用。对检验结论有异议的,可以依法进行复检。

第六十一条　食品生产经营企业可以自行对所生产的食品进行检验,也可以委托本法规定的食品检验机构进行检验。

食品行业协会等组织、消费者需要委托食品检验机构对食品进行检验的,应当委托符合本法规定的食品检验机构进行。

第六章　食品进出口

第六十二条　紧扣的食品、食品添加剂以及食品相关产品符合我国食品安全国家标准。

进口的食品应当经出入境检验检疫机构检验合格后,海关出入境检验检疫机构签发的通关证明放行。

第六十三条　进口尚无食品安全国家标准的食品,或者首次进口食品添加剂新品种、食品相关产品新品种,进口商应当向国务院卫生行政部门提出申请并提交相关的安全性评估材料。国务院卫生行政部门依照本法第四十四条的规定作出是否准予许可的决定,并及时制定相应的食品安全国家标准。

第六十四条　境外发生的食品安全事件可能对我国境内造成影响,或者在进口食品中发现严重食品安全问题的,国家出入境检验检疫部门应当及时采取风险预警或者控制措施,并向国务院卫生行政、农业行政、工商行政管理和国家食品药品监督管理部门通报。接到通报的部门应当及时采取相应措施。

第六十五条　向我国境内出口食品的出口商或者代理商应当向国家出入境检验检疫部门备案。向我国境内出口食品的境外食品生产企业应当经国家出入境检验检疫部门注册。

国家出入境检验检疫部门应当定期公布已经备案的出口商、代理商和已经注册的境外食品生产企业名单。

第六十六条 进口的预包装食品应当有中文标签、中文说明书。标签、说明书应当符合本法以及我国其他法律、行政法规的规定和食品安全国家标准的要求,载明食品的原产地以及境内代理商的名称、地址、联系方式。预包装食品中没有中文标签、中文说明书或者标签、说明书不符合本条规定的,不得进口。

第六十七条 进口商应当建立食品进口和销售记录制度,如实记录食品的名称、规格、数量、生产日期、生产或者进口批号、保质期、出口商和购货者名称及联系方式、交货日期等内容。

食品进口和销售记录应当真实,保存期限不得少于二年。

第六十八条 出口的食品由出入境检验检疫机构进行监督、抽检,海关凭出入境检验检疫机构签发的通关放行。

出口食品生产企业和出口食品原料种植、养殖场应当向国家出入检验检疫部门备案。

第六十九条 国家出入境检验检疫部门应当收集、汇总进出口食品安全信息,并及时通报相部门、机构和企业。

国家出入境检验检疫部门应当建立进出口食品的进口商、出口商和出口食品生产企业的信誉记录,并予以公布。对有不良记录的进口商、出口商和出口食品生产企业,应当加强对其进出口食品的检验检疫。

第七章 食品安全事故处置

第七十条 国务院组织制定国家食品安全事故应急预案。

县级以上地方人民政府应当根据有关法律、法规的规定和上级人民政府的食品安全事故应急预案以及本地区的实际情况,制定本行政区域的食品安全事故应急预案,并报上一级人民政府备案。

食品生产经营企业应当制定食品安全事故处置方案,定期检查本企业各项食品安全防范措施的落实情况,及时消除食品安全隐患。

第七十一条　发生食品安全事故的单位应当立即予以处置,防止事故扩大。事故发生单位和接收病人进行治疗的单位应当及时向事故发生地县级卫生行政部门报告。

农业行政、质量监督、工商行政管理、食品药品监督管理部门在日常监督管理中发现食品安全事故,或者接到有关食品安全事故的举报,应当立即向卫生部门行政部门通报。

发生重大食品安全事故的,接到报告的县级卫生行政部门应当按照规定向本级人民政府和上级人民政府卫生行政部门报告。县级人民政府和上级人民政府卫生行政部门应当按照规定上报。

任何单位或者个人不得对食品安全事故隐瞒、谎报、缓报,不得毁灭有关证据。

第七十二条　县级以上卫生行政部门接到食品安全事故的报告后,应当立即会同有关农业行政、质量监督、工商行政管理、食品药品监督管理部门进行调查处理,并采取下列表措施,防止或者减轻社会危害;

(一)开展应急救援工作,对因食品安全事故导致人身伤害的人员,卫生行政部门应当立即组织救治;

(二)封存可能导致食品安全事故的食品及其原料,并立即进行检验;对确认属于被污染的食品及其原料,责令食品生产经营者依照本法第五十三条的规定予以召回、停止经营并销毁;

（三）封存被污染的食品用工具及用具,并责令进行清洗消毒;

（四）做好信息发布工作,依法对食品安全事故及其处理情况进行发布,并对可能产生的危害加以解释、说明。

发生重大食品安全事故的,县级以上人民政府应当立即成立食品安全事故处置指挥机构,启动应急预案,依照前款规定进行处置。

第七十三条 发生重大食品安全事故,设区的市级以上人民政府卫生行政部门应当立即会同有关部门进行事故责任调查,督促有关部门履行职责,向本级人民政府提出事故责任调查处理报告。

重大食品安全事故涉及两个以上省、自治区、直辖市的,由国务院卫生行政部门依照前款规定组织事故责任调查。

第七十四条 发生食品安全事故,县级以上疾病预防控制机构应当协助卫生行政部门和有关部门对事故现场进行卫生处理,并对与食品安全事故有关的因素开展流行病学调查。

第七十五条 调查食品安全事故,除了查明事故单位的责任,还应当查明负有监督管理认证职责的监督管理部门、认证机构的工作人员失职、渎职情况。

第八章　监督管理

第七十六条 县级以上人民政府组织本级卫生行政、农业行政、质量监督、工商行政管理、食品药品监督管理部门制定本行政区域的食品安全年度监督管理计划,并按照年度计划组织开展工作。

第七十七条 县级以上质量监督、工商行政管理、食品药品监督管理部门履行各自食品安全监督管理职责,有权采取下列措施:

（一）进入生产经营场所实施现场检查;

（二）对产生经营的食品进行抽样检验;

（三）查阅、复制有关合同、票据、账簿以及其他有关资料；

（四）查封、扣押有证据证明不符合食品安全标准的食品，违法使用的食品原料、食品添加剂，食品相关产品，以及用于违法生产经营或者被污染的工具、设备；

（五）查封违法从事食品生产经营活动的场所。

县级以上农业行政部门应当依照《中华人民共和国农产品质量安全法》规定的职责，对食用农产品进行监督管理。

第七十八条　县级以上质量监督、工商行政管理、食品药品监督管理部门对食品生产经营者进行监督检查，应当记录监督检查的情况和处理结果。监督检查记录经监督人员和食品生产经营者签字后归档。

第七十九条　县级以上质量监督、工商行政管理、食品药品监督管理部门应当建立食品生产经营者食品安全信用档案，记录许可颁发、日常监督检查结果、违法行为查处等情况；根据食品安全信用档案的记录，对有不良信用记录的食品生产经营者增加监督检查频次。

第八十条　县级以上卫生行政、质量监督、工商行政管理、食品药品监督管理部门接到咨询、投诉、举报，对属于本部门职责的，应当受理，并及时进行答复、核实、处理；对不属于本部门职责的，应当书面通知并移交有权处理的部门处理。有权处理的部门应当及时处理，不得推诿；属于食品安全事故的，依照本法第七章有关规定进行处置。

第八十一条　县级以上卫生行政、质量监督、工商行政管理、食品药品监督管理部门应当按照法规权限和程序履行食品安全监督管理职责；对生产经营者的同一违法行为，不得予以二次以上罚款的行政处罚；涉嫌犯罪的，应当依法向公安机关移送。

第八十二条　国家建立食品安全信息统一公布制度。下列信息由国务院卫生行政部门统一公布：

（一）国家食品安全总体情况；

（二）食品安全风险评估信息和食品安全风险警示信息；

（三）重大食品安全事故及其处理信息；

（四）其他重要安全信息和国务院确定的需要统一公布的信息。

前款第二项、第三项规定的信息，其影响限于特定区域的，也可以由有关省、自治区、直辖市人民政府行政部门公布。县级以上农业行政、质量监督、工商行政管理、食品药品监督管理部门依据各自职责公布食品安全日常监督管理信息。

食品安全监督管理部门公布信息，应当做到准确、及时、客观。

第八十三条　县级以上地方行政、农业行政、质量监督、工商行政管理、食品药品监督管理部门获知本法第八十二条第一款规定的需要统一公布的信息，应当向上级主管部门报告，由上级主管部门；必要时，可以直接向国务院卫生行政部门报告。

县级以上卫生行政、农业行政、质量监督、工商行政管理、食品药品监督管理部门应当相互通报获知的食品安全信息。

第九章　法律责任

第八十四条　违反本法规定，未经许可从事食品生产经营活动，或者未经许可生产食品添加剂的，由有关主管部门按照各自职责分工，没收违法所得、违法所生产经营的食品、食品添加剂和用于违法生产经营的工具、设备、原料等物品；违法生产经营的食品、食品添加剂货值金额不足一万元的，并处二千元以上五万元以下罚款；货值金额一万元以上的，并处货值金额五倍以上十倍以下罚款。

第八十五条　违反本法规定,有下列情形之一的,由有关主管部门按照各自职责分工,没收违法所得、违法生产经营的工具、设备、原料等物品;违法生产经营的食品货值金额不足一万元的,并处二千元以上五万元以下罚款;货值金额一万元以上的,并处货值金额五倍以上十倍以下罚款;清洁严重的,吊销许可证;

(一)用非食品原料生产食品或者在食品中添加食品添加剂以外的化学物质和其他可能危害人体健康的物质,或者用回收食品作为原料生产食品;

(二)生产经营致病性微生物、农药残留、兽药残留、重金属、污染物质以及其他危害人体健康的物质含量超过食品安全标准限量的食品;

(三)生产经营营养成分不符合食品安全标准的专供婴幼儿和其他特定人群的主辅食品;

(四)经营腐败变质、油脂酸败、霉变生虫、污秽不洁、混有异物、掺假掺杂或者感官性状异常的食品;

(五)经营病死、毒死或者死因不明的禽、畜、兽、水产动物肉类,或者生产经营病死、毒死或者死因不明的禽、畜、兽、水产动物肉类的制品;

(六)经营未经动物卫生监督机构检疫或者检疫不合格的肉类,或者生产经营未经检验或者检验不合格的肉类制品;

(七)经营超过保质期的食品;

(八)生产经营国家为防病等特殊需要明令禁止生产经营的食品;

(九)利用新的食品原料从事食品生产或者从事食品添加剂新品种、食品相关产品新品种生产,未经过安全性评估;

(十)食品经营者在有关主管部门责令其召回或者停止不符

合食品安全标准的食品后,仍不召回后者停止经营的。

第八十六条 违反本本法规定,有下列情形之一的,由有关主管部门按照各自职责分工,没收违法所得、违法生产经营的食品和用于违法生产经营的工具、设备、原料等物品;违法生产经营的食品货值金额不足一万元的,并处二千元以上五万元以下罚款;货值金额一万元的,并处货值金额二倍以上五倍以下罚款;情节严重的,责令停产停业,直至吊销许可证:

(一)经营包装材料、容器、运输工具等污染的食品;

(二)生产经营无标签的预包装食品、食品添加剂后者标签、说明书不符合本法规定的食品、食品添加剂;

(三)食品生产采购,使用不符合食品安全标准的食品原料、食品添加剂、食品相关产品;

(四)食品生产经营者在食品中添加药品。

第八十七条 违反本法规定,有下列情形之一的,由有关部门按照各自职责分工,责令改正,给予警告;拒不改正的,处二千元以上二万元以下罚款;情节严重的,责令停产停业,直至吊销许可证:

(一)未对采购食品原料和生产的食品、食品添加剂、食品相关产品进行检验;

(二)未建立并遵守查验记录制度、出厂检验记录制度;

(三)制定食品安全企业标准未依照本法规定备案;

(四)未按规定要求贮存、销售食品或者清理库存食品;

(五)进货时未查验许可证和相关证明文件;

(六)生产的食品、食品添加剂的标签、说明书涉及疾病预防、治疗功能;

(七)安排患有本法第三十四条所列疾病的人员从事接触直接入口食品的工作。

第八十八条　违反本法规定,事故单位在发生安全事故后未进行处置、报告的,由有关主管部门按照各自职责分工,责令改正,给予警告;毁灭有关证据的,责令停产停业,并处二千元以上十万元以下罚款;造成严重后果的,由原发证部门吊销许可证。

第八十九条　违反本法规定,有下列情形之一的,依照本法第八十五条的规定给予处罚:

(一)进口不符合我国食品安全国家标准的食品;

(二)进口尚无食品安全国家标准的食品,或者首次进口食品添加剂新品种、食品相关产品新品种,未经过安全性评估;

(三)出口商未遵守本法的规定出口食品。

违反本法规定,进口商未建立并遵守食品进口和销售记录制度的,依照本法第八十七条的规定给予处罚。

第九十条　违反本法规定,集中交易市场的开办者、柜台出租者、展销会的举办者允许未取得许可的食品经营者进入市场销售食品,或者未履行检查、报告等义务的,由有关主管部门按照各自职责分工,处二千元以上五万元以下罚款;造成严重后果的,责令停业,由原发证部门吊销许可证。

第九十一条　违反本法规定,未按照要求进行食品运输的,由有关主管部门按照各自职责分工,责令改正,给予警告;拒不改正的,责令停产停业,并处二千元以上五万元以下罚款;情节严重的,由原发证部门吊销许可证。

第九十二条　被吊销食品生产、流通或者餐饮服务许可证的单位,其直接负责的主管人员自处罚决定作出之日起五年内不得从事食品生产经营管理工作。

食品生产经营者聘用不得从事食品生产经营管理工作人员从事管理工作的,由原发证部门吊销许可证。

第九十三条 违反本法规定,食品检验机构、食品检验人员出具虚假检验报告的,由授予其资质的主管部门或者机构撤销该检验机构的检验资格;依法对检验机构直接负责的主管人员和食品检验人员给予撤职或者开除的处分。

违反本法规定,受到刑事处罚或者开除处分的食品检验机构人员,自刑罚执行完毕或者处分决定作出之日起十年内不得从事食品检验工作。食品检验机构不得从事食品检验工作的人员的,由授予其资质的主管部门或者机构撤销该检验机构的检验资格。

第九十四条 违反本法规定,在广告中对食品质量作虚假宣传,欺骗消费者的,依照《中华人民共和国法》的规定给予处罚。

违反本法规定,食品安全监督管理部门或者承担食品检验职责的机构、食品行业协会、消费者协会以广告或者其他形式向消费者推荐食品的,由有关主管部门没收违法所得,依法对直接负责的主管人员和其他直接责任人员给予记大过、降级或者撤职的处分。

第九十五条 违反本法规定,县级以上地方人民政府在食品安全监管管理中未履行职责,本行政区域出现重大食品安全事故、造成严重社会影响的,依法直接负责的主管人员和其他直接责任人员给予记大过、降级、撤职或者开除的处分。

违反本法规定,县级以上卫生行政、农业行政、质量监督、工商行政管理、食品药品监督管理部门或者其他有关行政部门不履行本法规定的职责或者滥用职权、玩忽职守、徇私舞弊的,依法对直接负责主管人员和其他直接责任人员给予大过或者降级的处分;造成严重后果的,给予撤职或者开除的处分,其主要负责人应当引咎辞职。

第九十六条 违反本法规定,造成人身、财产或者其他损害的,依法承担赔偿责任。

生产不符合食品安全标准的食品或者销售明知是不符合食品安全标准的食品,消费者除要求赔偿损失外;还可以向生产者销售者要求支付价款赔偿金。

第九十七条　违反本法规定,应当承担民事赔偿责任和缴费罚款、罚金,其财产不足以同时支付时,先承担民事赔偿责任。

第九十八条　违反本法规定,构成犯罪的,依法追究刑事责任。

第十章　附　则

第九十九条　本法下列用语的含义:

食品,指各种供人食用或者饮用的成品和原料以及按照传统既是食品又是药品的物品,但是不包括以治疗为目的的物品。

食品安全,指食品无毒、无害,符合应当有的营养要求,对人体健康不造成任何急性、亚急性或者慢性危害。

预包装食品,指预先定量包装或者制作在包装材料和容器中的食品。

食品添加剂,指为改善食品品质和色、香、味以及为防腐、保鲜和加工工艺的需要而加入食品中的人工合成或者天然物质。

用于食品的包装材料和容器,指包装、盛放食品或者食品添加剂用的纸、竹、木、金属、搪瓷、陶瓷、塑料、橡胶、天然纤维、化学纤维、玻璃等制品和直接接触食品或者食品添加剂的涂料。

用于食品生产经营的工具、设备,指在食品或者食品添加剂生产、流通、使用过程中直接接触食品或者食品添加剂的机械、管道、传送带、容器、用具、餐具等。

用于食品的洗涤剂、消毒剂,指直接用于洗涤或者消毒食品、餐饮具以及直接接触食品的工具、设备或者食品包装材料和容器的物质。

保质期,指预包装食品在标签指明的贮存条件下保持品质的期限。

食源性疾病,指食品在,中致病因素进入人体引起的感染性、中毒性疾病。

食物中毒,指食用了被有害物质污染的食品或者食用了含有毒有害物质的食品后出现的急性、亚急性疾病。

食品安全事故,指食物中毒、食源性疾病、食品污染等源于食品,对人体健康有危害或者可能有危害的事故。

第一百条 食品生产经营者在本法施行前已经取得相应许可证的,该许可证继续有效。

第一百零一条 乳品、转基因食品、生猪屠宰、酒类和食盐的食品安全管理,适用本法;法律、行政法规另有规定的,依照其规定。

第一百零二条 铁路运营中食品安全的管理办法由国务院卫生行政部门会同国务院有关部门依照本法制定。

军队专用食品和自供食品的食品安全管理办法由中央军事委员会依照本法制定。

第一百零三条 国务院根据实际需要,可以对食品安全监督管理体制作出调整。

第一百零四条 本法自 2009 年 6 月 1 日起施行。《中华人民共和国卫生法》同时废止。

二、中国饲料成分及营养价值表

GB:中华人民共和国国家标准
NY/T:中华人民共和国农业部推荐标准
SC:中华人民共和国原商业部部颁标准。
＊CP＝N×6.25　　CFN:Chinese Feed Number
膨化尿素,折算粗蛋白为65%。

表 1   中国饲料成分及营养价值常规成分

饲料名称 Feed Name	饲料描述 Feed Description	中国饲料 编号 CFN	干物质 DM%
玉米 Corn grain	GB2 级,籽粒,成熟	4 - 07 - 0279	86.0
玉米 Corn grain	GB3 级,籽粒,成熟	4 - 07 - 0280	86.0
高粱(Sorghyum grain)	GB1 级,籽粒,成熟	4 - 07 - 0272	86.0
小麦 Whrat grain	GB2 级,混合小麦,籽粒,成熟	4 - 07 - 0270	87.0
大麦(裸)Naked barley grain	GB2 级,裸大麦,籽粒,成熟	4 - 07 - 0274	87.0
大麦(皮)Barley grain	GB1 级,皮大麦,籽粒,成熟	4 - 07 - 0277	87.0
黑麦 Rye	籽粒,进口	4 - 07 - 0271	88.0
稻谷 Paddy	GB 2 级,籽粒 成熟	4 - 07 - 0273	86.0
糙米 Rough rice	良,籽粒,成熟,未去米糠	4 - 07 - 0276	87.0
碎米 Brocken rice	良,加工精米后的副产品	4 - 07 - 0275	88.0
粟(谷子)Millet grain	合格,带壳,籽粒,成熟	4 - 07 - 0479	86.5
木薯干 Cassava tuber flake	GB 合格,木薯干片,晒干	4 - 04 - 0067	87.0
甘薯干 Sweet potato tube	GB 合格,甘薯干片,晒干	4 - 04 - 0068	87.0
次粉 Wheat middling and reddog	NY/T2 级,黑面,黄粉,三等粉	4 - 08 - 0105	87.0
小麦麸 Wheat bran	GB 1 级,传统制粉工艺	4 - 08 - 0069	87.0
米糠 Rice bran	GB 2 级,新鲜,不脱脂	4 - 08 - 0041	87.0
米糠饼 Rice bran meal(exp.)	GB 1 级,机榨	4 - 10 - 0025	88.0
米糠粕 Rice bran meal(sol.)	GB 1 级,浸提或预压浸提	4 - 10 - 0018	87.0
大豆 Soybeans	GB 2 级,黄大豆,籽粒,成熟	5 - 09 - 0127	87.0
大豆饼 Soybean meal(exp.)	GB 2 级,机榨	5 - 10 - 0241	87.0
大豆粕 Soybean)meal(sol.)	GB 1 级,浸提或预压浸提	5 - 10 - 0103	87.0
大豆粕 Soybean meal(sol.)	GB 2 级,浸提或预压浸提	5 - 10 - 0102	87.0
棉籽饼 cottonseed meal(exp.)	GB 2 级,机榨	5 - 10 - 0118	88.0
棉籽粕 Cottonseed meal(sol.)	GB 2 级,浸提或预压浸提	5 - 10 - 0117	88.0
菜籽饼 Rapeseed meal(exp.)	GB 2 级,机榨	5 - 10 - 0083	88.0
菜籽粕 Rapeseedd meal(sol)	GB 2 级,浸提或预压浸提	5 - 10 - 0121	88.0
花生仁饼 Peanut meal mral(exp.)	GB 2 级,机榨	5 - 10 - 0116	88.0
花生仁粕 Peanut meal(sol.)	GB 2 级,浸提或预压浸提	5 - 10 - 0115	88.0

表 1　　　　　中国饲料成分及营养价值常规成分(续)

饲料名称 Feed Name	饲料描述 Feed Description	中国饲料 编号 CFN	干物质 DM%
向日葵仁饼 Sunflower meal(exp.)	GB 3 级,壳仁比 35:65	1 – 10 – 0031	88.0
向日葵仁粕 Sunflower meal(sol.)	GB 2 级,壳仁比 16:84	5 – 10 – 0242	88.0
向日葵仁粕 Sunflower meal(sol)	GB 2 级,壳仁比 24:76	5 – 10 – 0243	88.0
亚麻仁饼 Lineed meal(exp.)	NY/T2 级,机榨	5 – 10 – 0119	88.0
亚麻仁粕 Linseed meal(sol.)	NY/T2 级,浸提或预压浸提	5 – 10 – 0120	88.0
玉米蛋白粉 corn gluten meal	玉米去胚芽,淀粉后的面筋部分 CP60%	5 – 11 – 0001	90.1
玉米蛋白粉 corn gluten meal	同上,中等蛋白产品 CP50%	5 – 11 – 0002	91.2
玉米蛋白粉 corn gluten meal	同上,中等蛋白产品 CP40%	5 – 11 – 0008	89.9
玉米蛋白饲料 corn gluten feed	玉米去胚芽去淀粉后的含皮残渣	5 – 11 – 0003	88.0
玉米胚芽饼 corn gluten meal(exp.)	玉米湿磨后的胚芽,机榨	4 – 10 – 0026	90.0
玉米胚芽粕 corn gluten meal(sol.)	玉米湿磨后的胚芽,浸提	5 – 10 – 0244	90.0
粉浆蛋白粉 Horsebran protein meal	蚕豆去皮制粉后的浆液,脱水	5 – 11 – 0009	88.0
麦芽根 Barley malt sprouts	大麦芽副产品,干燥	5 – 11 – 0004	89.7
鱼粉 Fish meal(Zhejiang)	SG 2 级,浙江鱼粉,小杂鱼,蒸干	5 – 13 – 0041	88.0
鱼粉 Fish meal(Peruvina)	秘鲁鱼粉、Anchovie	5 – 13 – 0042	88.0
鱼粉 Fish meal,White	白鱼整鱼或切碎,去油、粉碎	5 – 13 – 0043	91.0
血粉 Blood meal	鲜猪血,喷雾干燥	5 – 13 – 0036	88.0
羽毛粉 Feather meal	鸡羽毛,水解	5 – 13 – 0037	88.0
皮革粉 Leathermeal	废牛皮,水解	5 – 13 – 0038	88.0
甘薯叶粉 Sweet potat0 1eave meal	GB1 级,70%叶,30% 茎秆	4 – 06 – 0074	87.0
苜蓿草粉 Alfalfa meal,l9% CP	GB 1 级,1 茬,盛花期,烘干	1 – 05 – 0074	87.0
苜蓿草粉 Alfalfa meal,17% CP	GB 2 级,1 茬,盛花期,烘干	1 – 05 – 0075	87.0
芝麻饼 Sesame me8l(exp.)	机榨 CP40%	5 – 10 – 0246	92.0
肉骨粉 Meat and bone meal	屠宰下脚料,带骨干燥粉碎	5 – 13 – 0047	92.6
啤酒糟 Brewer drieeg gain	大麦酿造副产品	5 – 11 – 0005	88.0
啤酒醇母 Brewersers dried yeast	啤酒酵母菌粉	7 – 15 – 0001	91.7
乳清粉 Whey,dehydrated	乳清,脱水	4 – 06 – 0075	94.0
DDG(Com)	玉米酒精糟,脱水	5 – 11 – 0006	94.0
DDGS(Corn)	玉米酒精糟及可溶物,脱水	5 – 11 – 0007	92.2

PROXIMVIATE COMPOSITION

粗蛋白 * CP %	粗脂肪 EE %	粗纤维 CF %	无氮浸出物 NFE %	粗灰分 ASH %	钙 Ca %	磷 P %	植酸磷 Phy – P %	效磷 Avail – P %
8.7	3.6	1.6	70.7	1.4	0.02	0.27	0.15	0.12
8.0	3.3	2.1	71.2	1.4	0.02	0.27	0.15	0.12
9.0	3.4	1.4	70.4	1.8	0.13	0.36	0.19	0.17
13.9	1.7	1.9	67.6	1.9	0.17	0.41	0.19	0.22
13.0	2.1	2.0	67.7	2.2	0.04	0.39	0.18	0.21
11.0	1.7	4.8	67.1	2.4	0.09	0.33	0.16	0.17
11.0	1.5	2.2	71.5	1.8	0.05	0.30	0.19	0.11
7.8	1.6	8.2	63.8	4.6	0.03	0.36	0.16	0.20
8.8	2.0	0.7	74.2	1.3	0.03	0.35	0.20	0.15
10.4	2.2	1.1	72.7	1.6	0.06	0.35	0.20	0.15
9.7	2.3	6.8	65.0	2.7	0.12	0.30	0.19	0.11
2.5	0.7	2.5	79.4	1.9	0.27	0.09	–	–
4.0	0.8	2.8	76.4	3.0	0.19	0.02	–	–
13.6	2.1	2.8	66.7	1.8	0.08	0.52	–	–
15.7	3.9	8.9	53.6	4.9	0.11	0.92	0.68	0.24
12.8	16.5	5.7	44.5	7.5	0.07	1.43	1.33	0.10
14.7	9.0	7.4	48.2	8.7	0.14	1.69	1.47	0.22
15.1	2.0	7.5	53.6	8.8	0.15	1.82	1.58	0.24
35.5	17.3	4.3	25.7	4.2	0.27	0.48	0.18	0.30
40.9	5.7	4.7	30.0	5.7	0.30	0.49	0.25	0.24
46.8	1.0	3.9	30.5	4.8	0.31	0.61	0.44	0.17
43.0	1.9	5.1	31.0	6.0	0.32	0.61	0.30	0.31
40.5	7.0	9.7	24.7	6.1	0.21	0.83	0.55	0.28
42.5	0.7	10.1	28.2	6.5	0.24	0.97	0.04	0.53
34.3	9.3	11.6	25.1	7.7	0.62	0.96	0.63	0.33
38.6	1.4	11.8	28.9	7.3	0.65	1.07	0.65	0.42
44.7	7.2	5.9	25.1	5.1	0.25	0.53	0.22	0.31
47.8	1.4	6.2	27.2	5.4	0.27	0.56	0.23	0.33
29.0	2.9	20.4	31.0	4.7	0.24	0.87	0.74	0.13

PROXIMVIATE COMPOSITION（续）

粗蛋白 * CP %	粗脂肪 EE %	粗纤维 CF %	无氮浸出物 NFE %	粗灰分 ASH %	钙 Ca %	磷 P %	植酸磷 Phy－P %	效磷 Avail－P %
36.5	1.0	10.5	34.4	5.6	0.27	1.13	0.96	0.17
33.6	1.0	14.8	33.3	5.3	0.26	1.03	0.87	0.16
32.2	7.8	7.8	34.0	6.2	0.39	0.88	0.50	0.38
34.8	1.8	8.2	36.6	6.6	0.42	0.95	0.53	0.42
63.5	5.4	1.0	19.2	1.0	0.07	0.44	0.27	0.17
51.3	7.8	2.1	28.0	2.0	0.06	0.42	－	－
44.3	6.0	1.6	37.1	0.9	－	－	－	－
19.3	7.5	7.8	48.0	5.4	0.15	0.70	－	－
16.7	9.6	6.3	50.8	6.6	0.04	0.46	－	－
20.8	2.0	6.5	54.8	5.9	0.06	0.55	－	－
66.3	4.7	4.1	10.3	2.6	－	0.59	－	－
28.3	1.4	12.5	41.4	6.1	0.22	0.73	－	－
52.5	11.6	0.4	3.1	20.4	5.74	3.12	0.00	3.12
	9.7	1.0	0.0	14.5	3.87	2.76	0.00	2.76
61.0	4.0	1.0	1.0	24.0	7.00	3.50	0.00	3.50
82.8	0.4	0.0	1.6	3.2	0.29	0.31	0.00	0.31
77.9	2.2	0.7	1.4	5.8	0.20	0.68	0.00	0.68
77.6 *	0.8	1.7	－	11.3	4.40	0.15	0.0	0.15
16.7	2.9	12.6	43.3	11.5	1.41	0.28	－	－
19.1	2.3	22.7	35.3	7.6	1.40	0.51	－	－
17.2	2.6	25.6	33.3	8.3	1.52	0.22	－	－
39.2	10.3	7.2	24.9	10.4	2.24	1.19	－	－
50.0 *	8.5	2.8	－	33.0	9.20	4.70	0.00	4.70
24.3	5.3	13.4	40.8	4.2	0.32	0.42	－	－
52.4	0.4	0.6		0.7	0.16	1.02	－	－
12.0	0.7	0.0	71.6	9.7	0.87	0.79	0.00	－
30.6	14.6	11.5	33.7	3.6	0.41	0.66	－	－
34.2	11.8	15.4	29.5	1.3	0.32	0.26	－	－

添加剂:苏打,膨化尿素,石粉,酵母,磷酸氢钙(矿、动物),益生素,食盐,多微元素。

表 2   有效能及矿物质

饲料名称 Feed Name	中国饲料编号 CFN	干物质 DM%	猪消化能 DE(pig) MJ/千克	鸡代谢能 AME(Poultry) MJ/千克	奶牛产奶净能 NE MJ/千克
玉米 Corn grain	4－07－0279	86.0	14.27	13.56	7.70
玉米 Corn grain	4－07－0280	86.0	14.18	13.47	7.66
高粱(Sorghyum grain)	4－07－0272	86.0	13.18	12.30	6.61
小麦 Whrat grain	4－07－0270	87.0	14.18	12.72	7.49
大麦(裸) Naked barley grain	4－07－0274	87.0	13.56	11.21	7.07
大麦(皮) Barley grain	4－07－0277	87.0	12.64	11.30	6.99
黑麦 Rye	4－07－0281	88.0	14.18	11.26	7.28
稻谷 Paddy	4－07－0273	86.0	12.09	11.00	6.44
糙米 Rough rice	4－07－0276	87.0	14.39	14.06	8.08
碎米 Brocken rice	4－07－0275	88.0	15.06	14.23	8.28
粟(谷子) Millet grain	4－07－0479	86.5	12.93	11.88	6.90
木薯干 Cassava tuber flake	4－04－0067	87.0	13.10	12.38	6.90
甘薯干 Sweet potato tube	4－04－0068	87.0	11.80	9.79	6.61
次粉 Wheat middling and reddog	4－08－0105	87.0	13.43	12.51	7.36
小麦麸 Wheat bran	4－08－0069	87.0	9.37	6.82	6.23
米糠 Rice bran	4－08－0041	87.0	12.64	11.21	7.61
米糠饼 Rice bran meal (exp.)	4－10－0025	88.0	12.51	10.17	6.65
米糠粕 Rice bran meal(sol.)	4－10－0018	87.0	11.55	8.28	5.10
大豆 Soybeans	5－09－0127	87.0	16.60	13.55	9.29
大豆饼 Soybean meal(exp.)	5－10－0241	87.0	13,51	10.54	7.87
大豆粕 Soybean)meal(sol.)	5－10－0103	87.0	13.74	9.83	7.90
大豆粕 Soybean meal(sol.)	5－10－0102	87.0	13.18	9.62	7.28
棉籽饼 cottonseed meal(exp.)	5－10－0118	88.0	9.92	9.04	8.37
棉籽粕 Cottonseed meal(sol.)	5－10－0117	88.0	9.46	7.32	6.82
菜籽饼 Rapeseed meal(exp.)	5－10－0083	88.0	12.05	8.16	7.32
菜籽粕 Rapeseedd meal(sol)	5－10－0121	88.0	10.59	7.41	6.44
花生仁饼 Peanut meal mral(exp.)	5－10－0116	88.0	12.89	11.63	8.95
花生仁粕 Peanut meal(sol.)	5－10－0115	88.0	12.43	10.88	7.61
向日葵仁饼 Sunflower meal(exp.)	1－10－0031	88.0	7.91	6.65	5.56
向日葵仁粕 Sunflower meal(sol.)	5－10－0242	88.0	11.63	9.71	6.32

表 2　　　　　　　　　　有效能及矿物质(续)

饲料名称 Feed Name	中国饲料 编号 CFN	干物质 DM%	猪消化能 DE(pig) MJ/千克	鸡代谢能 AME (Poultry) MJ/千克	奶牛产奶 净能 NE MJ/千克
向日葵仁粕 Sunflower meal(sol)	5 - 10 - 0243	88.0	10.42	8.49	6.28
亚麻仁饼 Lineed meal(exp.)	5 - 10 - 0119	88.0	12.13	9.79	6.69
亚麻仁粕 Linseed meal(sol.)	5 - 10 - 0120	88.0	9.92	7.95	7.07
玉米蛋白粉 corn gluten meal	5 - 11 - 0001	90.1	15.05	16.23	8.32
玉米蛋白粉 corn gluten meal	5 - 11 - 0002	91.2	15.60	14.26	8.07
玉米蛋白粉 corn gluten meal	5 - 11 - 0008	89.9	15.01	13.30	7.65
玉米蛋白饲料 corn gluten feed	5 - 11 - 0003	88.0	10.38	8.45	7.03
玉米胚芽饼 corn gluten meal(exp.)	4 - 10 - 0026	90.0	14.69	7.61	–
玉米胚芽粕 corn gluten meal(sol.)	5 - 10 - 0244	90.0	13.72	6.99	–
粉浆蛋白粉 Horsebran protein meal	5 - 11 - 0009	88.0	–	–	–
麦芽根 Barley malt sprouts	5 - 11 - 0004	89.7	9.67	5.90	5.94
鱼粉 Fish meal(Zhejiang)	5 - 13 - 0041	88.0	13.05	11.46	6.90
鱼粉 Fish meal(Peruvina)	5 - 13 - 0042	88.0	12.47	11.67	6.78
鱼粉 Fish meal, White	5 - 13 - 0043	91.0	16.74	10.75	6.94
血粉 Blood meal	5 - 13 - 0036	88.0	11.42	10.29	5.69
羽毛粉 Feather meal	5 - 13 - 0037	88.0	11.59	11.42	–
皮革粉 Leathermeal	5 - 13 - 0038	88.0	11.51	6.19	–
甘薯叶粉 Sweet potat0 1 eave meal	4 - 06 - 0074	87.0	4.98	4.23	5.44
苜蓿草粉 Alfalfa meal,19% CP	1 - 05 - 0074	87.0	6.95	4.06	5.36
苜蓿草粉 Alfalfa meal,17% CP	1 - 05 - 0075	87.0	6.11	3.64	4.69
芝麻饼 Sesame me8l(exp.)	5 - 10 - 0024	92.0	13.29	8.95	8.20
肉骨粉 Meat and bone meal	5 - 13 - 0047	92.6	11.84	8.20	6.53
啤酒糟 Brewer drieeg gain	5 - 11 - 0005	88.0	9.41	9.92	6.61
啤酒酵母 Brewersers dried yeast	7 - 15 - 0001	91.7	14.81	10.54	7.02
乳清粉 Whey, dehydrated	4 - 06 - 0075	94.0	14.39	11.42	7.53
DDG(Com)	5 - 11 - 0006	94.0	13.1	5.36	7.87
DDGS(Corn)	5 - 11 - 0007	92.2	15.40	10.42	8.54

ENERGY AND MINERALS

肉牛增重净能 NEg MJ/千克	羊消化能 DE(sheep) MJ/千克	钠 Na %	钾 K %	铁 Fe 毫克/ 千克	铜 Cu 毫克/ 千克	锰 Mn 毫克/ 千克	锌 Zn 毫克/ 千克	硒 Se 毫克/ 千克
5.48	14.27	0.01	0.29	36	3.4	5.8	21.1	0.02
5.44	14.14	–	–	37	3.3	6.1	19.2	0.03
4.64	13.05	0.03	0.34	87	7.6	17.1	20.1	<0.05
5.52	14.23	0.06	0.50	88	7.9	45.9	29.7	0.05
5.10	13.43	–	–	100	7.0	18.0	30.0	0.16
5.02	13.22	0.02	0.56	87	5.6	17.5	23.6	0.06
6.40	–	0.02	0.42	117	7.0	53.0	35.0	0.40
4.39	12.64	0.04	0.34	40	3.5	20.0	8.0	0.04
6.11	14.27	–	–	78	3.3	21.0	10.0	0.07
6.32	14.35	–	–	62	8.8	47.5	36.4	0.06
4.90	12.55	0.04	0.43	270	24.5	22.5	15.9	0.08
4.94	12.51	–	–	150	4.2	6.0	14.0	0.04
4.60	13.68	–	–	107	6.1	10.0	9.0	0.07
5.19	13.60	0.06	0.60	140	11.6	94.2	73.0	0.07
4.18	12.18	0.07	0.88	170	13.8	104.3	96.5	0.07
5.65	13.77	–	1.35	304	7.1	175.9	50.3	0.09
4.64	11.92	–	–	400	8.7	211.6	56.4	0.09
2.89	10.00	–	–	432	9.4	228.4	60.9	0.10
7.28	16.36	0.04	1.70	111	18.1	21.5	40.7	0.06
5.90	14.10	–	1.77	187	19.8	32.0	43.4	0.04
6.74	15.01	–	–	181	23.5	37.3	45.4	0.10
5.31	13.51	–	1.68	181	23.5	27.4	45.4	0.06
6.36	13.22	0.04	1.20	266	11.6	17.8	44.9	0.11
4.81	12.47	0.04	1.16	263	14.0	18.7	55.5	0.15
5.31	13.14	0.02	1.34	687	7.2	78.1	59.2	0.29
4.44	12.05	0.09	–	653	7.1	82.2	67.5	0.16
6.90	14.39	–	1.15	347	23.7	36.7	52.5	0.06
5.61	13.56	0.07	1.23	368	25.1	38.9	55.7	0.06
3.39	8.79	0.02	1.17	614	45.6	41.5	62.1	0.09
4.23	10.63	–	–	226	32.8	34.5	82.7	0.06

ENERGY AND MINERALS（续）

肉牛增重净能 NEg MJ/千克	羊消化能 DE（sheep） MJ/千克	钠 Na %	钾 K %	铁 Fe 毫克/ 千克	铜 Cu 毫克/ 千克	锰 Mn 毫克/ 千克	锌 Zn 毫克/ 千克	硒 Se 毫克/ 千克
4.18	8.54	0.01	1.23	310	35.0	35.0	80.0	0.08
4.69	13.39	0.09	1.25	204	27.0	40.3	36.0	0.18
5.06	12.51	0.14	1.38	219	25.5	43.3	38.7	0.18
9.74	18.36	0.01	0.30	51	1.9	5.9	19.2	0.02
9.49	17.94	–	–	434	10.0	78.0	49.0	–
91.6	17.27	–	–	–	–	–	–	–
4.85	13.39	0.12	1.30	282	10.7	77.1	59.2	–
–	–	0.01	–	99	12.8	19.0	108.1	–
–	–	0.01	0.69	214	7.7	23.3	126.6	–
–	–	0.01	0.06	–	22.0	16.0	–	–
3.77	11.42	–	–	198	5.3	67.8	42.4	–
4.64	12.89	0.91	1.24	670	17.9	27.0	123.0	1.77
4.77	12.97	0.88	0.90	219	8.9	9.0	96.7	1.93
5.02	13.26	0.97	1.10	80	8.0	9.7	80.0	1.50
3.05	10.04	0.31	0.90	2800	8.0	2.3	14.0	0.70
–	10.63	0.70	0.30	1230	6.8	8.8	53.8	0.80
–	11.05	–	–	131	11.1	25.2	89.8	–
2.76	8.20	–	–	35	9.8	89.6	26.8	0.20
3.18	9.87	–	–	372	9.1	30.7	17.1	0.46
2.34	9.58	–	–	361	9.7	30.7	21.0	0.46
4.98	14.68	0.04	1.39	–	50.4	32.0	2.4	–
4.35	12.51	0.73	1.40	500	1.5	12.3	–	0.25
4.56	14.89	0.25	0.08	274	20.1	35.6	–	0.60
4.89	13.43	–	–	902	61.0	22.3	86.7	–
7.24	14.36	2.50	1.20	160	–	4.6	–	0.06
5.73	15.94	0.90	0.16	200	44.7	22.6	–	0.35
6.44	16.15	0.90	1.00	200	44.7	30.0	85.0	0.38

vitamin 反刍动物专用多维,蛋氨酸,奶牛专用多维,赖氨酸,普通多维

表3   **氨基酸**

饲料名称 Feed Name	中国饲料 编号 CFN	干物质 DM%	粗蛋白* CP(%)	赖氨酸 Lys %	蛋氨酸 Met %	胱氨酸 % Cys %
玉米 Corn grain	4-07-0279	86.0	8.7	0.24	0.18	0.20
玉米 Corn grain	4-07-0280	86.0	8.0	0.24	0.16	0.18
高粱(Sorghyum grain)	4-07-0272	86.0	9.0	0.18	0.17	0.12
小麦 Whrat grain	4-07-0270	87.0	13.9	0.30	0.25	0.24
大麦(裸)Naked barley grain	4-07-0274	87.0	13.0	0.44	0.14	0.25
大麦(皮)Barley grain	4-07-2077	87.0	11.0	0.42	0.18	0.18
黑麦 Rye	4-07-0281	88.0	11.0	0.37	0.16	0.25
稻谷 Paddy	4-07-0273	86.0	7.8	0.29	0.19	0.16
糙米 Rough rice	4-07-0276	87.0	8.8	0.32	0.20	0.14
碎米 Brocken rice	4-07-0275	88.0	10.4	0.42	0.22	0.17
粟(谷子)Millet grain	4-07-0479	86.5	9.7	0.15	0.25	0.20
木薯干 Cassava tuber flake	4-04-0067	87.0	2.5	0.13	0.05	0.04
甘薯干 Sweet potato tube	4-04-0068	87.0	4.0	0.16	0.06	0.08
次粉 Wheat middling and reddog	4-08-0105	87.0	13.6	0.52	0.16	0.33
小麦麸 Wheat bran	4-08-0069	87.0	15.7	0.58	0.13	0.26
米糠 Rice bran	4-08-0041	87.0	12.8	0.74	0.25	0.19
米糠饼 Rice bran meal (exp.)	4-10-0025	88.0	14.7	0.66	0.26	0.30
米糠粕 Rice bran meal(sol.)	4-10-0018	87.0	15.1	0.72	0.28	0.32
大豆 Soybeans	5-09-0127	87.0	35.5	2.22	0.48	0.55
大豆饼 Soybean meal(exp.)	5-10-0241	87.0	40.9	2.38	0.59	0.61
大豆粕 Soybean)meal(sol.)	5-10-0103	87.0	46.8	2.81	0.56	0.60
大豆粕 Soybean meal(sol.)	5-10-0102	87.0	43.0	2.45	0.64	0.66
棉籽饼 cottonseed meal(exp.)	5-10-0118	88.0	40.5	1.56	0.46	0.78
棉籽粕 Cottonseed meal(sol.)	5-10-0117	88.0	42.5	1.59	0.45	0.82
菜籽饼 Rapeseed meal(exp.)	5-10-0083	88.0	34.3	1.28	0.58	0.79
菜籽粕 Rapeseedd meal(sol)	5-10-0121	88.0	38.6	1.30	0.63	0.87
花生仁饼 Peanut meal mral(exp.)	5-10-0116	88.0	44.7	1.32	0.39	0.38
花生仁粕 Peanut meal(sol.)	5-10-0115	88.0	47.8	1.40	0.41	0.40
向日葵仁饼 Sunflower meal(exp.)	1-10-0031	88.0	29.0	0.96	0.59	0.43
向日葵仁粕 Sunflower meal(sol.)	5-10-0242	88.0	36.5	1.22	0.72	0.62

表 3 　　　　　　　　　　氨基酸(续)

饲料名称 Feed Name	中国饲料 编号 CFN	干物质 DM%	粗蛋白 * CP(%)	赖氨酸 Lys %	蛋氨酸 Met %	胱氨酸 % Cys %
向日葵仁粕 Sunflower meal(sol)	5 – 10 – 0243	88.0	33.6	1.13	0.69	0.50
亚麻仁饼 Lineed meal(exp.)	5 – 10 – 0119	88.0	32.2	0.73	0.46	0.48
亚麻仁粕 Linseed meal(sol.)	5 – 10 – 0120	88.0	34.8	1.16	0.55	0.55
玉米蛋白粉 corn gluten meal	5 – 11 – 0001	90.1	63.5	0.97	1.42	0.96
玉米蛋白粉 corn gluten meal	5 – 11 – 0002	91.2	51.3	0.92	1.14	0.76
玉米蛋白粉 corn gluten meal	5 – 11 – 0008	89.9	44.3	0.71	1.04	0.65
玉米蛋白饲料 corn gluten feed	5 – 11 – 0003	88.0	19.3	0.63	0.29	0.33
玉米胚芽饼 corn gluten meal(exp.)	4 – 10 – 0026	90.0	16.7	0.70	0.31	0.47
玉米胚芽柏 corn gluten meal(sol.)	5 – 10 – 0244	90.0	20.8	0.75	0.21	0.28
粉浆蛋白粉 Horsebran protein meal	5 – 11 – 0009	88.0	66.3	4.44	0.60	0.57
麦芽根 Barley malt sprouts	5 – 11 – 0004	89.7	28.3	1.30	0.37	0.26
鱼粉 Fish meal(Zhejiang)	5 – 13 – 0041	88.0	52.5	3.41	0.62	0.38
鱼粉 Fish meal(Peruvina)	5 – 13 – 0042	88.0	62.8	4.90	1.84	0.58
鱼粉 Fish meal, White	5 – 13 – 0043	91.0	61.0	4.30	1.65	0.75
血粉 Blood meal	5 – 13 – 0036	88.0	82.8	6.67	0.74	0.98
羽毛粉 Feather meal	5 – 13 – 0037	88.0	77.9	1.65	0.59	2.93
皮革粉 Leathermeal	5 – 13 – 0038	88.0	77.6 *	2.27	0.80	0.16
甘薯叶粉 Sweet potat0 1eave meal	4 – 06 – 0074	87.0	16.7	0.61	0.17	0.29
苜蓿草粉 Alfalfa meal,19% CP	1 – 05 – 0074	87.0	19.1	0.82	0.21	0.22
苜蓿草粉 Alfalfa meal,17% CP	1 – 05 – 0075	87.0	17.2	0.81	0.20	0.16
芝麻饼 Sesame me81(exp.)	5 – 10 – 0024	92.0	39.2	0.82	0.82	–
肉骨粉 Meat and bone meal	5 – 13 – 0047	92.6	50.0 *	2.60	0.67	0.33
啤酒糟 Brewer drieeg gain	5 – 11 – 0005	88.0	24.3	0.72	0.52	0.35
啤酒醇母 Brewersers dried yeast	7 – 15 – 0001	91.7	52.4	3.38	0.83	0.50
乳清粉 Whey, dehydrated	4 – 06 – 0075	94.0	12.0	1.10	0.20	0.30
DDG(Com)	5 – 11 – 0006	94.0	30.6	0.51	0.80	0.48
DDGS(Corn)	5 – 11 – 0007	92.2	34.2	0.70	0.62	0.51

AMINO ACIDS

苏氨酸 Thr %	异亮氨酸 Ile %	亮氨酸 Leu %	精氨酸 Arg %	缬氨酸 Val %	组氨酸 His %	酪氨酸 Tyr %	苯丙氨酸 Phe %	色氨酸 Trp %
0.30	0.25	0.93	0.39	0.38	0.21	0.33	0.41	0.07
0.30	0.25	0.95	0.38	0.36	0.21	0.32	0.39	0.06
0.26	0.35	1.08	0.33	0.44	0.18	0.32	0.45	0.08
0.33	0.44	0.80	0.58	0.56	0.27	0.37	0.58	0.15
0.43	0.43	0.87	0.64	0.63	0.16	0.40	0.68	0.16
0.41	0.52	0.91	0.65	0.64	0.24	0.35	0.59	0.12
0.34	0.40	0.64	0.50	0.52	0.25	0.26	0.49	0.12
0.25	0.32	0.58	0.57	0.47	0.15	0.37	0.40	0.10
0.28	0.30	0.61	0.65	0.49	0.17	0.31	0.35	0.12
0.38	0.39	0.74	0.78	0.57	0.27	0.39	0.49	0.12
0.35	0.36	1.15	0.30	0.42	0.20	0.26	0.49	0.17
0.10	0.11	0.15	0.40	0.13	0.05	0.04	0.10	0.03
0.18	0.17	0.26	0.16	0.27	0.08	0.13	0.19	0.05
0.50	0.48	0.98	0.85	0.68	0.33	0.45	0.63	0.18
0.43	0.46	0.81	0.97	0.63	0.39	0.28	0.58	0.20
0.48	0.63	1.00	1.06	0.81	0.39	0.50	0.63	0.14
0.53	0.72	1.06	1.19	0.99	0.43	0.51	0.76	0.15
0.57	0.78	1.30	1.28	1.07	0.46	0.55	0.82	0.17
1.38	1.44	2.53	2.59	1.67	0.87	1.11	1.76	0.56
1.41	1.53	2.69	2.47	1.66	1.08	1.50	1.75	0.63
1.89	2.00	3.66	3.59	2.10	1.33	1.65	2.46	–
1.88	1.76	3.2	3.12	1.95	1.07	1.53	2.18	0.68
1.27	1.29	2.31	4.40	1.69	1.00	1.06	2.10	0.43
1.31	1.30	2.35	4.30	1.74	1.06	1.19	2.18	0.44
1.35	1.19	2.17	1.75	1.56	0.80	0.88	1.30	0.40
1.49	1.29	2.34	1.83	1.74	0.86	0.97	1.45	0.43
1.05	1.18	2.36	4.60	1.28	0.83	1.31	1.81	0.42
1.11	1.25	2.50	4.88	1.36	0.88	1.39	1.92	0.45
0.98	1.19	1.76	2.44	1.35	0.62	0.77	1.21	0.28
1.25	1.51	2.25	3.17	1.72	0.81	0.99	1.56	0.47

AMINO ACIDS（续）

苏氨酸 Thr %	异亮氨酸 Ile %	亮氨酸 Leu %	精氨酸 Arg %	缬氨酸 Val %	组氨酸 His %	酪氨酸 Tyr %	苯丙氨酸 Phe %	色氨酸 Trp %
1.14	1.39	2.07	2.89	1.58	0.74	0.91	1.43	0.37
1.00	1.15	1.62	2.35	1.44	0.51	0.5	1.32	0.48
1.10	1.33	1.85	3.59	1.51	0.64	0.93	1.51	0.70
2.08	2.85	11.59	1.90	2.98	1.18	3.19	4.10	0.36
1.59	1.75	7.87	1.48	2.05	0.89	2.25	2.83	0.31
1.38	1.63	7.08	1.31	1.84	0.78	2.03	2.61	–
0.68	0.62	1.82	0.77	0.93	0.56	0.50	0.70	0.14
0.64	0.53	1.25	1.16	0.91	0.45	0.54	0.64	0.16
0.68	0.77	1.54	1.51	1.66	0.62	–	0.93	0.18
2.31	2.90	5.88	5.96	3.20	1.66	2.21	3.43	–
0.96	1.08	1.58	1.22	1.44	0.54	0.67	0.85	0.42
2.13	2.11	5.67	3.12	2.59	0.91	1.32	1.99	0.67
2.61	2.90	4.84	3.27	3.29	1.45	2.22	2.31	0.73
2.60	3.10	4.50	4.20	3.25	1.93	–	2.80	2.60
2.86	0.75	8.38	2.99	6.08	4.40	2.55	5.23	1.11
3.51	4.21	6.78	5.30	6.05	0.58	1.79	3.57	0.40
0.71	1.06	2.64	4.64	1.99	0.42	0.66	1.63	0.50
0.67	0.53	0.97	0.76	0.75	0.30	0.30	0.65	0.21
0.74	0.68	1.20	0.78	0.91	0.39	0.58	0.82	0.43
0.69	0.66	1.10	0.74	0.85	0.32	0.54	0.81	0.37
1.29	1.42	2.52	2.38	1.84	0.81	1.02	1.68	–
1.63	1.70	3.20	3.35	2.25	0.96	–	1.70	0.26
0.81	1.18	1.08	0.98	1.66	0.51	1.17	2.35	–
2.33	2.85	4.76	2.67	3.40	1.11	0.12	4.07	2.08
0.80	0.90	1.20	0.40	0.70	0.20	–	0.40	0.20
1.17	1.31	4.44	0.96	1.66	0.72	1.30	1.76	–
1.28	1.37	5.15	1.03	1.77	0.82	1.40	1.98	–

三、NY/T 34 – 2004 奶牛饲养标准

1. 范围

本标准提出奶牛各饲养阶段和产奶的营养需要。

本标准适用于奶牛饲料厂、国营、集体、个体奶牛场配合饲料和日粮。

2. 术语和定义

下列术语和定义适用于本标准。

2.1 奶牛能量单位 dairy energy unit

本标准采用相当于 1 千克含脂率为 4% 的标准乳能量,即 3138kJ 产奶静能作为一个"奶牛能量单位",汉语拼音字首的缩写为 NND。为了应用的方便,对饲料能量价值的评定和各种牛的能量需要均采用产奶净能和 NND。

4% 乳脂率的标准乳(FCM)(千克)= 0.4 × 奶量(千克)+ 15 × 乳脂量(千克)

2.2 小肠粗蛋白 crude protein in the small intestine

小肠粗蛋白质 = 饲料瘤胃非降解粗蛋白质 + 瘤胃微生物粗蛋白质

饲料非降解粗蛋白质 = 饲料粗蛋白质 – 饲料瘤胃降解粗蛋白质(RDP)

小肠可消化粗蛋白质 = 饲料瘤胃非降解粗蛋白质(UDP)×

小肠消化率 + 瘤胃微生物粗蛋白质(MCP) × 小肠消化率

3. 饲养标准

3.1 能量需要

3.1.1 饲料产奶净能值的测算

产奶净能(MJ/千克干物质) = 0. 5501 × 消化能(MJ/千克干物质) − 0. 3958

3.1.2 产奶牛的干物质需要

适用于偏精料型日粮的参考干物质进食量(千克)

$= 0.062W^{0.75} + 0.40Y$

适用于偏粗料型日粮的参考干物质进食量(千克)

$= 0.062W^{0.75} + 0.45Y$

式中,y 为标准乳重量,单位为千克(千克);W 为体重,单位为千克(千克)。

牛是反刍动物,为保证正常的消化机能,配合日粮时应考虑粗纤维的供给量。粗纤维量过低会影响瘤胃的消化机能,粗纤维量过高则达不到所需的能量浓度。日粮中的中性洗涤纤维(NDF)应不低于25%。

3.1.3 成年母牛维持的能量需要

在适宜环境温度、栓系饲养条件下,奶牛的绝食代谢产热量(kJ) $= 293 × W^{0.75}$ 对自由运动可增加20%的能量,即 $356W^{0.75}kJ$。

由于在第一和第二个泌乳期奶牛自身的生长发育尚未完成,故能量需要须在以上维持基础之上,第一个泌乳期增加20%,第二个泌乳期增加10%。放牧运动时,能量需要明显增加,运动的能量需要见表1。

牛在低温环境下,体热损失增加,维持需要在 18℃ 基础上,平均每下降 1℃ 产热增加 2. 5kJ/(千克 $W^{0.75}$ · 24h)维持需要在 5℃

时为 $389W^{0.75}$, $0℃$ 时为 $402W^{0.75}$, $-5℃$ 时为 $414W^{0.75}$, $-10℃$ 时为 $427W^{0.75}$, $15℃$ 时为 $439W^{0.75}$。

表1　　　　　水平行走的维持能量需要　单位:kJ/头·日

行走距离/Km	行走速度	
	1m/s	1.5m/s
1	$364W^{0.75}$	$368W^{0.75}$
2	$372W^{0.75}$	$377W^{0.75}$
3	$381W^{0.75}$	$385W^{0.75}$
4	$393W^{0.75}$	$398W^{0.75}$
5	$406W^{0.75}$	$418W^{0.75}$

3.1.4 产奶的能量需要

产奶的能量需要量 = 牛奶的能量含量 × 产奶量

牛奶的能量含量(kJ/千克) = 750.00 + 387.98 × 乳脂率 + 163.97 × 乳蛋白率 + 55.02 × 乳糖率

牛奶的能量含量(kJ/千克) = 1433.65 + 415.30 × 乳脂率

牛奶的能量含量(kJ/千克) = 166.19 + 249.16 × 乳总干物质率。

3.1.5 产奶牛的体重变化与能量需要

成年母牛每增重 1 千克需 25.10MJ 产奶的净能,相当于 8 千克标准乳;每减重 1 千克可产生 20.58MJ 产奶净能,即 6.56 千克标准乳。

3.1.6 产奶牛不同生理阶段的能量需要

分娩后泌乳初期阶段,母牛对能量进食不足,需动用体内贮存的能量去满足产奶需要。在此期间,应防止过度减重。

奶牛的最高日产奶量出现的时间不一致。当食欲恢复后,可采用引导饲养,给量稍高于需要。

奶牛妊娠的代谢能利用效率低,妊娠第 6、7、8、9 月时,每天在维持基础上增加 4.18MJ、7.11MJ、12.55MJ 和 20.92MJ 产奶净能。

3.1.7　生长牛的能量需要

3.1.7.1　生长牛的维持能量需要

生长母牛的绝食代谢(kJ) $=531 \times W^{0.75}$ 在此基础上加 10% 的自由运动量,即为维持的需要量,生长公牛的维持需要量与生长母牛相同。

3.1.7.2　生长牛增重的能量需要

由于对奶用生长牛的增重速度不要求像肉用牛那样快,为了应用的方便,对奶用生长牛的净能需要量也统一用产奶净能表示,其产奶净能的需要是在增重的能量沉积上加以调整。

增重的能量沉积(MJ) =
$$\frac{(增重,千克) \times [1.5 + 0.0045 \times (体重,千克)]}{1 - 0.3 \times [增重,千克]} \times 4.18$$

增重的能量沉积换算成产乳净能的系数
$= -0.5322 + 0.3254\ln(体重,千克)$
增重所需产奶净能
=增重的能量沉积×系数(表2)

表 2   增重的能量沉积换算成产奶净能的系数

体重/千克	产奶净能 5 增重的能量沉积 × 系数
150	×1.10
200	×1.20
250	×1.26
300	×1.32
350	×1.37
400	×1.42
450	×1.46
500	×1.49
550	×1.52

由于生长公牛增重的能量利用效率比母牛稍高,故生长公牛的能量需要按生长母牛的 90% 计算。

3.1.8 种公牛的能量需要

种公牛的能量需要量(MJ) $= 0.398 \times W^{0.75}$

3.2 蛋白质需要

3.2.1 瘤胃微生物蛋白质合成量的评定

瘤胃饲粮降解氮(RDN)转化为瘤胃微生物氮(MN)的效率(MN/RDN)与瘤胃可发酵有机物质(FOM)中的瘤胃饲料降解氮的含量(RDN/FOM)呈显著相关。用下式计算:

MN/RDN $= 3.6259 - 0.8457 \times \ln($ RDN g/FOM 千克)

表3　用 RDN g/FOM 千克与 MN/RDN 的回归式计算的 MN/RDN

RDN g /FOM 千克	1.5	20	25	30	35
MN/RDN	1.34	1.09	0.90	0.75	0.62

瘤胃微生物蛋白质(MCP)合成量(g) = 饲料瘤胃降解蛋白质(RDP)(g) × MN/RDN

由于用曲线回归式所计算的单个饲料的 MN/RDN 对日粮是非加性的,所以对单个饲料的 MN/RDN 可先用其中间值0.9进行初评,并列入饲料营养价值表中,最后按日粮的总 RDN/FOM 用曲线回归式对 MN/RDN 做出总评。MN/RDN 在理论上不应超过1.0,当MN/RDN 超过0.9时,则预示有过多的内源尿素氮进入瘤胃。

由于瘤胃微生物蛋白质的合成,除了需要 RDN 外,还需要能量。为了应用的方便,所需能量可用瘤胃饲料发酵有机物质(FOM)来表示。用 FOM 评定的瘤胃微生物蛋白质合成量的计算:MCP g/FOM 千克 =136。

3.2.2 瘤胃能氮平衡

因为对同一种饲料,用 RDP 和 FOM 评定出的 MCP 往往不一致。为了使日粮的配合更为合理,以便同时满足瘤胃微生物对FOM 和 RDP 的需要,特提出瘤胃能氮平衡的原理和计算方法:

瘤胃能氮平衡(RENB) = 用 FOM 评定的瘤胃微生物蛋白质质量 = 用 RDP 评定的瘤胃微生物蛋白质量

如果日粮的能氮平衡结果为零,则表明平衡良好;如为正值,则说明瘤胃能量有富余,这时应增加 RDP;如为负值,则表明应增加瘤胃中的能量(FOM)。最后检验日粮的能氮平衡时,应采用回归式做最后计算。

3.2.3 尿素的有效用量

尿素有效用量(ESU)用下式计算:

$$ESU(g) = \frac{瘤胃能氮平衡值(g)}{2.8 \times 0.65}$$

式中,0.65为常规尿素氮被瘤胃微生物利用的平均效率(如添加缓释尿素,则尿素氮转化为瘤胃微生物氮的效率可采用0.8);2.8为尿素的粗蛋白质当量。

如果瘤胃能氮平衡为零或负值,则表明不应再在日粮中添加尿素。

3.2.4 小肠可消化粗蛋白质

小肠可消化粗蛋白质 = 饲料瘤胃非降解粗蛋白质 ×0.65
          +瘤胃微生物粗蛋白质 ×0.7

3.2.5 小肠可消化粗蛋白质的转化效率

小肠可消化粗蛋白质用于体蛋白质沉积的转化效率,对生长牛为0.60,对产奶牛为0.70。

3.2.6 维持的蛋白质需要

维持的可消化粗蛋白质需要量对产奶牛为 $3.0(g) \times W^{0.75}$,对200千克体重以下的生长牛为 $2.3(g) \times W^{0.75}$。

维持的小肠可消化粗蛋白质需要量为 $2.5(g) \times W^{0.75}$,对200千克体重以下的生长牛为 $2.2(g) \times W^{0.75}$。

3.2.7 产奶的蛋白质需要

乳蛋白质率(%)根据实测确定。

产奶的可消化粗蛋白质需要量 = 牛奶的蛋白量/0.60。

产奶的小肠可消化粗蛋白质需要量 = 牛奶的蛋白量/0.70。

3.2.8 生长牛增重的蛋白质需要量

生长牛的蛋白质需要量取决于增重的体蛋白质沉积量。

增重的体蛋白质沉积（g/d）= δW（170.22 － 0.1731W ＋ 0.000178W^2）× （1.12 － 0.1258δW）。

式中，δW 为日增重，单位为千克（千克）；W 为体重，单位为千克（千克）。

增重的可消化粗蛋白质的需要量（g）= 增重的体蛋白质沉积量（g）/0.55。增重的小肠可消化粗蛋白质的需要量（g）= 增重的体蛋白质沉积量（g）/0.60。

但幼龄时的蛋白质转化效率较高，体重 40 ~ 60 千克时可用 0.70，体重 70 ~ 90 千克时用 0.65 的转化效率。

3.2.9 妊娠的蛋白质需要

妊娠的可消化蛋白质的需要量：妊娠 6 个月时为 50g，7 个月时为 84g，8 个月时为 132g，9 个月时为 194g。

妊娠的小肠可消化蛋白质的需要量：妊娠 6 个月时为 43g，7 个月时为 73g，8 个月时为 115g，9 个月时为 169g。

3.2.10 种公牛的蛋白质需要

种公牛的蛋白质需要是以保证采精和种用体况为基础。

种公牛的可消化蛋白质的需要量（g）= $4.0 \times W^{0.75}$

种公牛的小肠可消化粗蛋白质需要量（g）= $3.3 \times W^{0.75}$

3.3 钙、磷的需要

3.3.1 产奶牛的钙、磷需要

维持需要按每 100 千克体重供给 6 克钙和 4.5 克磷；每千克标准乳供给 4.5 克钙和 3 克磷。钙磷比例以 2:1 至 1.3:1 为宜。

3.3.2 生长牛的钙、磷需要

维持需要按每 100 千克体重供给 6 克钙和 4.5 克磷，每千克增重供给 20 克钙和 13 克磷。

3.4 各种牛的综合营养需要(表 4 ~ 表 9)

3.5 饲料的能量

3.5.1 饲料的总能(GF)

总能(kJ/100g 饲料) = 23.93 × 粗蛋白质(%) + 39.75 粗脂肪(%) + 20.04 × 粗纤维(%) + 16.88 无氮浸出物(%)

3.5.2 饲料的消化能(DE)

$$DE = GE \times 能量消化率$$

在无条件进行能量消化率实测时,可用下两式测算:

能量消化率(%) = 94.2808 − 61.5370(NDF/OM)

能量消化率(%) = 91.6694 − 91.3359(ADF/OM)

式中,NDF 为中性洗涤纤维;ADF 为酸性洗涤纤维。

3.5.3 瘤胃可发酵有机物质(FOM)

$$FOM = OM \times FOM/OM$$

FOM/OM(%) = 92.8945 − 74.7658(NDF/OM)

FOM/ON(%) = 91.2202 − 118.6864(ADF/OM)

3.5.4 饲料的代谢能(ME)

$$代谢能 = 消化能 − 甲烷能 − 尿能$$

甲烷(L/FOM,千克) = 60.4562 + 0.2967(FNDF/FOM,%)

甲烷(L/FOM,千克) = 48.1290 + 0.5352(NDF/OM,%)

甲烷能/DE(%) = 8.6804 + 0.0373(FNDF/FOM,%)

甲烷能/DE(%) = 7.1823 + 0.0666(NDF/OM,%)

式中,FNDF 为可发酵中性洗涤纤维;尿能/DE(%) 的平均值 = 4.27 ± 0.94(根据国内对 19 种日粮的牛体内试验结果)。

表4　　　　　　　　　成年母牛维持的营养需要

体重/千克	日粮干物质/千克	奶牛能量单位/NND	产奶净能/Mcal	产奶净能/MJ	可消化粗蛋白质/MJ	小肠可消化粗蛋白质/g	钙/g	磷/g	胡萝卜素/mg	维生素A/U
350	5.02	9.17	6.88	28.79	243	202	21	16	63	25000
400	5.55	10.13	7.60	31.80	268	224	24	18	75	30000
450	6.06	11.07	8.30	34.73	293	244	27	20	85	34000
500	6.56	11.97	8.98	37.57	317	264	30	22	95	38000
550	7.04	12.88	9.65	40.38	341	284	33	25	105	42000
600	7.52	13.73	10.30	43.10	364	303	36	27	115	46000
650	7.98	14.59	10.94	45.77	386	322	39	30	123	49000
700	8.44	15.43	11.57	48.41	408	340	42	32	133	53000
750	8.89	16.24	12.18	50.96	430	358	45	34	143	57000

注:1. 对第一个泌乳期的维持需要按上表基础增加20%,第二个泌乳期增加10%。

2. 如第一个泌乳期的年龄和体重过小,应按生长牛的需要计算实际增重的营养需要。

3. 放牧运动时,须在上表基础上增加能量需要量,按正文中的说明计算。

4. 在环境温度低的情况下,维持能量消耗增加,需在上表基础上增加能量需要量,按正文说明计算。

5. 泌乳期间,每增重1千克体重需增加8NND和3259可消化粗蛋白;每减重1千克需扣除6.56NND和2509可消化粗蛋白。

表5 　　　　　　　　　　　每产1千克奶的营养需要

体重/千克	日粮干物质/千克	奶牛能量单位/NND	产奶净能/Mcal	产奶净能/MJ	可消化粗蛋白质/MJ	小肠可消化粗蛋白质/g	钙/g	磷/g	胡萝卜素/mg	维生素/kIU
2.5	0.31~0.35	0.80	0.60	2.51	49	42	3.6	2.4	1.05	420
3.0	0.34~0.38	0.87	0.65	2.72	51	44	3.9	2.6	1.13	452
3.5	0.37~0.41	0.93	0.70	2.93	53	46	4.2	2.8	1.22	486
4.0	0.40~0.45	1.00	0.75	3.14	55	47	4.5	3.0	1.26	502
4.5	0.43~0.49	1.06	0.80	3.35	57	49	4.8	3.2	1.39	556
5.0	0.46~0.52	1.13	0.84	3.52	59	51	5.1	3.4	1.46	584
5.5	0.49~0.55	1.19	0.89	3.72	61	53	5.4	3.6	1.55	619

表6 　　　　　　　　　　　母牛妊娠最后四个月的营养需要

体重/千克	怀孕月份	日粮干物质/千克	奶牛能量单位/NND	产奶净能/Mcal	产奶净能/MJ	可消化粗蛋白质/MJ	小肠可消化粗蛋白质/g	钙/g	磷/g	胡萝卜素/mg	维生素/kIU
350	6	5.78	10.51	7.88	32.97	293	245	27	18	67	27
	7	6.28	11.44	8.58	35.90	327	275	31	20		
	8	7.23	13.17	9.88	41.34	375	317	37	22		
	9	8.70	15.84	11.84	49.54	437	370	45	25		
400	6	6.30	11.47	8.60	35.99	318	267	30	20	76	30
	7	6.81	12.40	9.30	38.92	352	297	34	22		
	8	7.76	14.13	10.60	44.36	400	339	40	24		
	9	9.22	16.80	12.60	52.72	462	392	48	27		

表6　　　　　　　　母牛妊娠最后四个月的营养需要(续)

体重/千克	怀孕月份	日粮干物质/千克	奶牛能量单位/NND	产奶净能/Mcal	产奶净能/MJ	可消化粗蛋白质/MJ	小肠可消化粗蛋白质/g	钙/g	磷/g	胡萝卜素/mg	维生素/kIU
450	6	6.81	12.40	9.30	38.92	343	287	33	22	86	34
	7	7.32	13.33	10.00	41.84	377	317	37	24		
	8	8.27	15.07	11.30	47.28	425	359	43	26		
	9	9.73	17.73	13.30	55.65	487	412	51	29		
500	6	7.31	13.32	9.99	41.80	367	307	36	25	95	38
	7	7.82	14.25	10.69	44.73	401	337	40	27		
	8	8.78	15.99	11.99	50.17	449	379	46	29		
	9	10.24	18.65	13.99	58.54	511	432	54	32		
550	6	7.80	14.20	10.65	44.56	391	327	39	27	105	42
	7	8.31	15.13	11.35	47.49	425	357	43	29		
	8	9.26	16.87	12.65	52.93	473	399	49	31		
	9	10.72	19.53	14.65	61.30	535	452	57	34		
600	6	8.27	15.07	11.30	47.28	414	346	42	29	114	46
	7	8.78	16.00	12.00	50.21	448	376	46	31		
	8	9.73	17.73	13.30	55.65	496	418	52	33		
	9	11.20	20.40	15.30	64.02	558	471	60	36		
650	6	8.74	15.92	11.94	49.96	436	365	45	31	124	50
	7	9.25	16.85	12.64	52.89	470	395	49	33		
	8	10.21	18.59	13.94	58.33	518	437	55	35		
	9	11.67	21.25	15.94	66.70	580	490	63	38		

表6 母牛妊娠最后四个月的营养需要(续)

体重/千克	怀孕月份	日粮干物质/千克	奶牛能量单位/NND	产奶净能/Mcal	产奶净能/MJ	可消化粗蛋白质/MJ	小肠可消化粗蛋白质/g	钙/g	磷/g	胡萝卜素/mg	维生素/kIU
700	6	9.22	16.76	12.57	52.60	458	383	48	34	133	53
	7	9.71	17.69	13.27	55.53	492	413	52	36		
	8	10.67	19.43	14.57	60.97	540	455	58	38		
	9	12.13	22.09	16.57	69.33	602	508	66	41		
750	6	9.65	17.57	13.13	55.15	480	401	51	36	143	57
	7	10.16	18.51	13.88	58.08	514	431	55	38		
	8	11.11	20.24	15.18	63.52	562	473	61	40		
	9	12.58	22.91	17.18	71.89	624	526	69	43		

注:1.怀孕牛干奶期间按上表计算营养需要。

2.怀孕期间如未干奶,除按上表计算营养需要外,还应加产奶的营养需要。

表7 生长母牛的营养需要

体重/千克	日增重/g	日粮干物质/千克	奶牛能量单位/NND	产奶净能/Mcal	产奶净能/MJ	可消化粗蛋白质/MJ	小肠可消化粗蛋白质/g	钙/g	磷/g	胡萝卜素/mg	维生素/kIU
40	0	–	2.20	1.65	6.90	41	–	2	2	4.0	1.6
	200	–	2.67	2.00	8.37	92	–	6	4	4.1	1.6
	300	–	2.93	2.20	9.21	117	–	8	5	4.2	1.7
	400	–	2.23	2.42	10.13	141	–	11	6	4.3	1.7
	500	–	3.52	2.64	11.05	164	–	12	7	4.4	1.8
	600	–	3.84	2.86	12.05	188	–	14	8	4.5	1.8
	700	–	4.19	3.14	13.14	210	–	16	10	4.6	1.8
	800	–	4.56	3.42	14.31	231	–	18	11	4.7	1.9

表 7　　　　　生长母牛的营养需要（续）

体重/千克	日增重/g	日粮干物质/千克	奶牛能量单位/NND	产奶净能/Mcal	产奶净能/MJ	可消化粗蛋白质/MJ	小肠可消化粗蛋白质/g	钙/g	磷/g	胡萝卜素/mg	维生素/kIU
50	0	–	2.56	1.92	8.04	49	–	3	3	5.0	2.0
	300	–	3.32	2.49	10.42	124	–	9	5	5.3	2.1
	400	–	3.60	2.70	11.30	148	–	11	6	5.4	2.2
	500	–	3.92	2.94	12.31	172	–	13	8	5.5	2.2
	600	–	4.24	3.18	13.31	194	–	15	9	5.6	2.2
	700	–	4.60	3.45	14.44	216	–	17	10	5.7	2.3
	800	–	4.99	3.74	15.65	238	–	19	11	5.8	2.3
60	0	–	2.89	2.17	9.08	56	–	4	3	6.0	2.4
	300	–	3.67	2.75	11.51	131	–	10	5	5.3	2.5
	400	–	3.96	2.97	12.43	154	–	12	6	6.4	2.6
	500	–	4.28	3.21	13.44	178	–	14	8	6.5	2.6
	600	–	4.63	3.47	14.52	199	–	16	9	6.6	2.6
	700	–	4.99	3.74	15.65	221	–	18	10	6.7	2.7
	800	–	5.37	4.03	16.87	243	–	20	11	6.8	2.7
70	0	1.22	3.21	2.41	10.09	63	–	4	4	7.0	2.8
	300	1.67	4.01	3.01	12.60	142	–	10	6	7.9	3.2
	400	1.85	4.32	3.24	13.56	168	–	12	7	8.1	3.2
	500	2.03	4.64	3.48	14.56	193	–	14	8	8.3	3.3
	600	2.21	4.99	3.74	15.65	215	–	16	10	8.4	3.4
	700	2.39	5.36	4.02	16.82	239	–	18	11	8.5	3.4
	800	3.61	5.76	4.32	18.08	262	–	20	12	8.6	3.4
80	0	1.35	3.51	2.63	11.01	70	–	5	4	8.0	3.2
	300	1.80	1.80	3.24	13.56	149	–	11	6	9.0	3.6
	400	1.98	4.64	3.48	14.57	174	–	13	7	9.1	3.6
	500	2.16	4.96	3.72	15.57	198	–	15	8	9.2	3.7
	600	2.34	5.32	3.99	16.70	222	–	17	10	9.3	3.7
	700	2.57	5.71	4.28	17.91	245	–	19	11	9.4	3.8
	800	2.79	6.12	4.59	19.21	268	–	21	12	9.5	3.8

表 7　　　　　　　生长母牛的营养需要(续)

体重/千克	日增重/g	日粮干物质/千克	奶牛能量单位/NND	产奶净能/Mcal	产奶净能/MJ	可消化粗蛋白质/MJ	小肠可消化粗蛋白质/g	钙/g	磷/g	胡萝卜素/mg	维生素/kIU
90	0	1.45	3.80	2.85	11.93	76	–	6	5	9.0	3.6
	300	1.84	4.64	3.48	14.57	154	–	12	7	9.5	3.8
	400	2.12	4.96	3.72	15.57	179	–	14	8	9.7	3.9
	500	2.30	5.29	3.97	16.62	203	–	16	9	9.9	4.0
	600	2.48	5.65	4.24	17.75	226	–	18	11	10.1	4.0
	700	2.70	6.06	4.54	19.00	249	–	20	12	10.3	4.1
	800	2.93	6.48	4.86	20.34	272	–	22	13	10.5	4.2
100	0	1.62	4.08	3.06	12.81	82	–	6	5	10.0	4.0
	300	2.07	4.93	3.70	15.49	173	–	13	7	10.5	4.2
	400	2.25	5.27	3.95	16.53	202	–	14	8	10.7	4.3
	500	2.43	5.61	4.21	17.62	231	–	16	9	11.0	4.4
	600	2.66	5.99	4.49	18.79	258	–	18	11	11.2	4.4
	700	2.84	6.39	4.79	20.05	285	–	20	12	11.4	4.5
	800	3.11	6.81	5.11	21.39	311	–	22	13	11.6	4.6
125	0	1.89	4.73	3.55	14.86	97	82	8	6	12.5	5.0
	300	2.39	5.64	4.23	17.70	186	164	14	7	13.0	5.2
	400	2.57	5.96	4.47	18.71	215	190	16	8	13.2	5.3
	500	2.79	6.35	4.76	19.92	243	215	18	10	13.4	5.4
	600	3.02	6.75	5.06	21.18	268	239	20	11	13.6	5.4
	700	3.24	7.17	5.38	22.51	295	264	22	12	13.8	5.5
	800	3.51	7.63	5.72	23.94	322	288	24	13	14.0	5.6
	900	3.74	8.12	6.09	25.48	347	311	26	14	14.2	5.7
	1000	4.05	8.67	6.50	27.20	370	332	28	16	14.4	5.8

表 7 　　　　　　　　　　生长母牛的营养需要（续）

体重/千克	日增重/g	日粮干物质/千克	奶牛能量单位/NND	产奶净能/Mcal	产奶净能/MJ	可消化粗蛋白质/MJ	小肠可消化粗蛋白质/g	钙/g	磷/g	胡萝卜素/mg	维生素/kIU
150	0	2.21	5.35	4.01	16.78	111	94	9	8	15.0	6.0
	300	2.70	6.31	4.73	19.80	202	175	15	9	15.7	6.3
	400	2.88	6.67	5.00	20.92	226	200	17	10	16.0	6.4
	500	3.11	7.05	5.29	22.14	254	225	19	11	16.3	6.5
	600	3.33	7.47	5.60	23.44	279	248	21	12	16.6	6.6
	700	3.60	7.92	5.94	24.86	305	272	23	13	17.0	6.8
	800	3.83	8.40	6.30	26.36	331	296	25	14	17.3	6.9
	900	4.10	8.92	6.69	28.00	356	319	27	16	17.6	7.0
	1000	4.41	9.49	7.12	29.80	378	339	29	17	18.0	7.2
175	0	2.48	5.93	4.45	18.62	125	105	11	9	17.5	7.0
	300	3.02	7.05	5.29	22.14	210	184	17	10	18.2	7.3
	400	3.20	7.48	5.61	23.48	238	210	19	11	18.5	7.4
	500	3.42	7.95	5.96	24.94	266	235	22	12	18.8	7.5
	600	3.65	8.43	6.32	26.45	290	257	23	13	19.1	7.6
	700	3.92	8.96	6.72	28.12	316	281	25	14	19.4	7.8
	800	4.19	9.53	7.15	29.92	341	304	27	15	19.7	7.9
	900	4.50	10.15	7.61	31.85	365	326	29	16	20.0	8.0
	1000	4.82	10.81	8.11	33.94	387	346	31	17	20.3	8.1
200	0	2.70	6.48	4.86	20.34	160	133	12	10	20.0	8.0
	300	3.29	7.65	5.74	24.02	244	210	18	11	21.0	8.4
	400	3.51	8.11	6.08	25.44	271	235	20	12	21.5	8.6
	500	3.74	8.59	6.44	26.95	297	259	22	13	22.0	8.8
	600	3.96	9.11	6.83	28.58	322	282	24	14	22.5	9.0
	700	4.23	9.67	7.25	30.34	347	305	26	15	23.0	9.2
	800	4.55	10.25	7.69	32.18	372	327	28	16	23.5	9.4
	900	4.86	10.91	8.18	34.23	396	349	30	17	24.0	9.6
	1000	5.18	11.60	8.70	36.41	417	368	32	18	24.5	9.8

表7 　　　　　　　生长母牛的营养需要（续）

体重/千克	日增重/g	日粮干物质/千克	奶牛能量单位/NND	产奶净能/Mcal	产奶净能/MJ	可消化粗蛋白质/MJ	小肠可消化粗蛋白质/g	钙/g	磷/g	胡萝卜素/mg	维生素/kIU
250	0	3.20	7.53	5.65	23.64	189	157	15	13	25.0	10.0
	300	3.83	8.83	6.62	27.70	270	231	21	14	26.5	10.6
	400	4.05	9.31	6.98	29.21	296	255	23	15	27.0	10.8
	500	4.32	9.83	7.37	30.84	323	279	25	16	27.5	11.0
	600	4.59	10.40	7.80	32.64	345	300	27	17	28.0	11.2
	700	4.86	11.01	8.26	34.56	370	323	29	18	28.5	11.4
	800	5.18	11.65	8.74	36.57	394	345	31	19	29.0	11.6
	900	5.54	12.37	9.28	38.83	417	365	33	20	29.5	11.8
	1000	5.90	13.13	9.83	41.13	437	385	35	21	30.0	12.0
300	0	3.69	8.51	6.38	26.70	216	180	18	15	30.0	12.0
	300	4.37	10.08	7.56	31.64	295	253	24	16	31.5	12.6
	400	4.59	10.68	8.01	33.52	321	276	26	17	32.0	12.8
	500	4.91	11.31	8.48	35.49	346	299	28	18	32.5	13.0
	600	5.18	11.99	8.99	37.62	368	320	30	19	33.0	13.2
	700	5.49	12.72	9.54	39.92	392	342	32	20	33.5	13.4
	800	5.85	13.51	10.13	42.39	415	362	34	21	34.0	13.6
	900	6.21	14.36	10.77	45.07	438	383	36	22	34.5	13.8
	1000	6.62	15.29	11.47	48.00	458	402	38	23	35.0	14.0
350	0	4.14	9.43	7.07	29.59	243	202	21	18	35.0	14.0
	300	4.86	11.11	8.33	34.86	321	273	27	19	36.8	14.7
	400	5.13	11.76	8.82	36.91	345	296	29	20	37.4	15.0
	500	5.45	12.44	9.33	39.04	369	318	31	21	38.0	15.2
	600	5.76	13.17	9.88	41.34	392	338	33	22	38.6	15.4
	700	6.08	13.96	10.47	43.81	415	360	35	23	39.2	15.7
	800	6.39	14.83	11.12	46.53	442	381	37	24	39.8	15.9
	900	6.84	15.75	77.81	49.42	460	401	39	25	40.4	16.1
	1000	7.29	16.75	12.56	52.56	480	419	41	26	41.0	16.4

表7　　　　　　　　生长母牛的营养需要（续）

体重/千克	日增重/g	日粮干物质/千克	奶牛能量单位/NND	产奶净能/Mcal	产奶净能/MJ	可消化粗蛋白质/MJ	小肠可消化粗蛋白质/g	钙/g	磷/g	胡萝卜素/mg	维生素/kIU
	0	4.55	10.32	7.74	32.39	268	224	24	20	40.0	16.0
	300	5.36	12.28	9.21	38.54	344	294	30	21	42.0	16.8
	400	5.63	13.03	9.77	40.88	368	316	32	22	43.0	17.2
	500	5.94	13.81	10.36	43.35	393	338	34	23	44.0	17.6
400	600	6.30	14.65	10.99	45.99	415	359	36	24	45.0	18.0
	700	6.66	15.57	11.68	48.87	438	380	38	25	46.0	18.4
	800	7.07	16.56	12.42	51.97	460	400	40	26	47.0	18.8
	900	7.47	17.64	13.24	55.40	482	420	42	27	48.0	19.2
	1000	7.97	18.80	14.10	59.00	501	437	44	28	49.0	19.6
	0	5.00	11.16	8.37	35.03	293	244	27	23	45.0	18.0
	300	5.80	13.25	9.94	41.59	368	313	33	24	48.0	19.2
	400	6.10	14.04	10.53	44.06	393	335	35	25	49.0	19.6
	500	6.50	14.88	11.16	46.70	417	355	37	26	50.0	20.0
450	600	6.80	15.80	11.85	49.59	439	377	39	27	51.0	20.4
	700	7.20	16.79	12.58	52.64	461	398	41	28	52.0	20.8
	800	7.70	17.84	13.38	55.99	484	419	43	29	53.0	21.2
	900	8.10	18.99	14.24	59.59	505	439	45	30	54.0	21.6
	1000	8.60	20.23	15.17	63.48	524	456	47	31	55.0	22.0
	0	5.40	11.97	8.98	37.58	317	264	30	25	50.0	20.0
	300	6.30	14.37	10.78	45.11	392	333	36	26	53.0	21.2
	400	6.60	15.27	11.45	47.91	417	355	38	27	54.0	21.6
	500	7.00	16.24	12.18	50.97	441	377	40	28	55.0	22.0
500	600	7.30	17.27	12.95	54.19	463	397	42	29	56.0	22.4
	700	7.80	18.39	13.79	57.70	485	418	44	30	57.0	22.8
	800	8.20	19.61	14.71	61.55	507	438	46	31	58	23.2
	900	8.70	20.91	15.68	65.61	529	458	48	32	59.0	23.6
	1000	9.30	22.33	16.75	70.09	548	476	50	33	60.0	24.0

表7　　　　　　　　　　生长母牛的营养需要（续）

体重/千克	日增重/g	日粮干物质/千克	奶牛能量单位/NND	产奶净能/Mcal	产奶净能/MJ	可消化粗蛋白质/MJ	小肠可消化粗蛋白质/g	钙/g	磷/g	胡萝卜素/mg	维生素/kIU
	0	5.8	12.77	9.58	40.09	341	284	33	28	55.0	22.0
	300	6.80	15.31	11.48	48.04	417	354	39	29	58.0	23.0
	400	7.10	16.27	12.20	51.05	441	376	30	30	59.0	23.6
	500	7.50	17.29	12.97	54.27	465	397	31	31	60.0	24.0
550	600	7.90	18.40	13.80	57.74	487	418	45	32	61.0	24.4
	700	8.30	19.57	14.68	61.43	510	439	47	33	62.0	24.8
	800	8.80	20.85	15.64	65.44	533	460	49	34	43.0	25.2
	900	9.30	22.25	16.69	69.84	554	480	51	35	64.0	25.6
	1000	9.90	23.76	17.82	74.56	573	496	53	36	65.0	26.0
	0	6.20	13.53	10.15	42.47	364	303	36	30	60.0	24.0
	300	7.20	16.39	12.29	51.43	441	374	42	31	66.0	26.4
	400	7.60	17.48	13.11	54.86	465	396	44	32	67.0	26.8
	500	8.00	18.64	13.98	58.50	489	418	46	33	68.0	27.2
600	600	8.40	19.88	14.91	62.39	512	439	48	34	69.0	27.6
	700	8.90	21.23	15.92	66.61	535	459	50	35	70.0	28.0
	800	9.40	22.67	17.00	71.13	557	480	52	36	71.0	28.4
	900	9.90	24.24	18.18	76.07	580	501	54	37	72.0	28.8
	1000	10.50	25.93	19.45	81.38	599	518	56	38	73.0	29.0

表 8　　　　　　　　生长公牛的营养需要

体重/千克	日增重/g	日粮干物质/千克	奶牛能量单位/NND	产奶净能/Mcal	产奶净能/MJ	可消化粗蛋白质/MJ	小肠可消化粗蛋白质/g	钙/g	磷/g	胡萝卜素/mg	维生素A/kIU
40	0	–	2.20	1.65	6.91	41	–	2	2	4.0	1.6
	200	–	2.63	1.97	8.25	92	–	6	4	4.1	1.6
	300	–	2.87	2.15	9.00	117	–	8	5	4.2	1.7
	400	–	3.12	2.34	9.80	141	–	11	6	4.3	1.7
	500	–	3.39	2.54	10.63	164	–	12	7	4.4	1.8
	600	–	3.68	2.76	11.55	188	–	14	8	4.5	1.8
	700	–	3.99	2.99	12.52	210	–	16	10	4.6	1.8
	800	–	4.32	3.24	13.56	231	–	18	11	4.7	1.9
50	0	–	2.56	1.92	8.04	49	–	3	3	5.0	2.0
	300	–	3.24	2.43	10.17	124	–	9	5	5.3	2.1
	400	–	3.51	2.63	11.01	148	–	11	6	5.4	2.2
	500	–	3.77	2.83	11.85	172	–	13	8	5.5	2.2
	600	–	4.08	3.06	12.81	194	–	15	9	5.6	2.2
	700	–	4.40	3.3	13.81	216	–	17	10	5.7	2.2
	800	–	4.73	3.55	14.86	238	–	19	11	5.8	2.3
60	0	–	2.89	2.17	9.08	56	–	4	4	7.0	2.8
	300	–	3.60	2.70	11.30	131	–	10	6	7.9	3.2
	400	–	3.85	2.89	12.10	154	–	12	7	8.1	3.2
	500	–	4.15	3.11	13.02	178	–	14	8	8.3	3.3
	600	–	4.45	3.34	13.98	199	–	16	10	8.4	3.4
	700	–	4.77	3.58	14.98	221	–	18	11	8.5	3.4
	800	–	5.13	3.85	16.11	243	–	20	12	8.6	3.4
70	0	1.2	3.21	2.41	10.09	63	–	4	4	7.0	3.2
	300	1.6	3.93	2.95	12.35	142	–	10	6	7.9	3.6
	400	1.8	4.20	3.15	13.18	168	–	12	7	8.1	3.6
	500	1.9	4.49	3.37	14.11	193	–	14	8	8.3	3.7
	600	2.1	4.81	3.61	15.11	215	–	16	10	8.4	3.7
	700	2.3	5.15	3.86	16.16	239	–	18	11	8.5	3.8
	800	2.5	5.51	4.13	17.28	262	–	20	12	8.6	3.8

表8　　　　　　　　　生长公牛的营养需要(续)

体重/千克	日增重/g	日粮干物质/千克	奶牛能量单位/NND	产奶净能/Mcal	产奶净能/MJ	可消化粗蛋白质/MJ	小肠可消化粗蛋白质/g	钙/g	磷/g	胡萝卜素/mg	维生素A/kIU
80	0	1.4	3.51	2.63	11.01	70	–	5	4	8.0	3.2
	300	1.8	4.24	3.18	13.31	149	–	11	6	9.0	3.6
	400	1.9	4.52	3.39	14.19	174	–	13	7	9.1	3.6
	500	2.1	4.81	3.61	15.11	198	–	15	8	9.2	3.7
	600	2.3	5.13	3.85	16.11	222	–	17	9	9.3	3.7
	700	2.4	5.48	4.11	17.20	245	–	19	11	9.4	3.8
	800	2.7	5.85	4.39	18.38	268	–	21	12	9.5	3.8
90	0	1.5	3.80	2.85	11.93	76	–	6	5	9.0	3.6
	300	1.9	4.56	3.42	14.13	154	–	12	7	9.5	3.8
	400	2.1	4.84	3.63	15.19	179	–	14	8	9.7	3.9
	500	2.2	5.15	3.86	16.16	2.3	–	16	9	9.9	4.0
	600	2.4	5.47	4.10	17.16	226	–	18	11	10.1	4.0
	700	2.6	5.83	4.37	18.29	249	–	20	12	10.3	4.1
	800	2.8	6.20	4.65	19.46	272	–	22	13	10.5	4.2
100	0	1.6	4.08	3.06	12.81	82	–	6	5	10.0	4.0
	300	2.0	4.85	3.64	15.23	173	–	13	7	10.5	4.2
	400	2.2	5.15	3.86	16.16	202	–	14	8	10.7	4.3
	500	2.3	5.45	4.09	17.12	231	–	16	9	11.0	4.4
	600	2.5	5.79	4.34	18.16	258	–	18	11	11.2	4.4
	700	2.7	6.16	4.62	19.34	285	–	20	12	11.4	4.5
	800	2.9	6.55	4.91	20.55	311	–	22	13	11.6	4.6
125	0	1.9	4.73	3.55	14.86	97	82	8	6	12.5	5.0
	300	2.3	5.55	4.16	17.41	186	164	14	7	13.0	5.2
	400	2.5	5.87	4.40	18.41	215	190	16	8	13.2	5.3
	500	2.7	6.19	4.64	19.42	243	215	18	10	13.4	5.4
	600	2.9	6.55	4.91	20.55	268	239	20	11	13.6	5.4
	700	3.1	6.93	5.20	21.76	295	264	22	12	13.8	5.5
	800	3.3	7.33	5.50	23.02	322	288	24	13	14.0	5.6
	900	3.6	7.79	5.84	24.44	347	311	26	14	14.2	5.7
	1000	3.8	8.28	6.21	25.99	370	332	28	16	14.4	5.8

表8　　　　　　　　　　生长公牛的营养需要（续）

体重/千克	日增重/g	日粮干物质/千克	奶牛能量单位/NND	产奶净能/Mcal	产奶净能/MJ	可消化粗蛋白质/MJ	小肠可消化粗蛋白质/g	钙/g	磷/g	胡萝卜素/mg	维生素A/kIU
150	0	2.2	5.35	4.01	16.78	111	94	9	8	15.0	6.0
	300	2.7	6.21	4.66	19.50	202	175	15	9	15.7	6.3
	400	2.8	6.53	4.90	20.51	226	200	17	10	16.0	6.4
	500	3.0	6.88	5.16	21.59	254	225	19	11	16.3	6.5
	600	3.2	7.25	5.44	22.77	279	248	21	12	16.6	6.6
	700	3.4	7.67	5.75	24.06	305	272	23	13	17.0	6.8
	800	3.7	8.09	6.07	25.40	331	296	25	14	17.3	6.9
	900	3.9	8.56	6.42	26.87	356	319	27	16	17.6	7.0
	1000	4.2	9.08	6.81	28.50	378	339	29	17	18.0	7.2
175	0	2.5	5.93	4.45	18.62	125	106	11	9	17.5	7.0
	300	2.9	6.95	5.21	21.80	210	184	17	10	18.2	7.3
	400	3.2	7.32	5.49	22.98	238	210	19	11	18.5	7.4
	500	3.6	7.75	5.81	24.31	266	235	22	12	18.8	7.5
	600	3.8	8.17	6.13	25.65	290	257	23	13	19.1	7.6
	700	3.8	8.65	6.49	27.16	316	281	25	14	19.4	7.7
	800	4.0	9.17	6.88	28.79	341	304	27	15	19.7	7.8
	900	4.3	9.72	7.29	30.51	365	326	29	16	20.0	7.9
	1000	4.6	10.32	7.74	32.39	387	346	31	17	20.3	8.0
200	0	2.7	6.48	4.86	20.34	160	133	12	10	20.0	8.1
	300	3.2	7.53	5.65	23.64	244	210	18	11	21.0	8.4
	400	3.4	7.95	5.96	24.94	271	235	20	12	21.5	8.6
	500	3.6	8.37	6.28	26.28	297	259	22	13	22.0	8.8
	600	3.8	8.84	6.63	27.74	322	282	24	14	22.5	9.0
	700	4.1	9.35	7.01	29.33	347	305	26	15	23.0	9.2
	800	4.4	9.88	7.41	31.01	372	327	28	16	23.5	9.4
	900	4.6	10.47	7.85	32.85	396	349	30	17	24.0	9.6
	1000	5.0	11.09	8.32	34.82	417	368	32	18	24.5	9.8

表8　　　　　　　　　　生长公牛的营养需要(续)

体重/千克	日增重/g	日粮干物质/千克	奶牛能量单位/NND	产奶净能/Mcal	产奶净能/MJ	可消化粗蛋白质/MJ	小肠可消化粗蛋白质/g	钙/g	磷/g	胡萝卜素/mg	维生素A/kIU
250	0	3.2	7.53	5.65	23.64	189	157	15	13	25.0	10.0
	300	3.8	8.69	6.52	27.28	270	231	21	14	26.5	10.6
	400	4.0	9.13	6.85	28.67	296	255	23	15	27.0	10.8
	500	4.2	9.60	7.20	30.13	323	279	25	16	27.5	11.0
	600	4.5	10.12	7.59	31.76	345	300	27	17	28.0	11.2
	700	4.7	10.67	8.00	33.48	370	323	29	18	28.5	11.4
	800	5.0	11.24	8.43	35.28	394	345	31	19	29.0	11.6
	900	5.3	11.89	8.92	37.33	417	366	33	20	29.5	11.8
	1000	5.6	12.57	9.43	39.46	437	385	35	21	30.0	12.0
300	0	3.7	8.51	6.38	26.70	216	180	18	15	30.0	12.0
	300	4.3	9.92	7.44	31.13	295	253	24	16	31.5	12.6
	400	4.5	10.47	7.85	32.85	321	276	26	17	32.0	12.8
	500	4.8	11.03	8.27	34.61	346	299	28	18	32.5	13.0
	600	5.0	11.64	8.73	36.53	368	320	30	19	33.0	13.2
	700	5.3	12.29	9.22	38.85	392	342	32	20	33.5	13.4
	800	5.6	13.01	9.76	40.84	415	362	34	21	34.0	13.6
	900	5.9	13.77	10.33	43.23	438	383	36	22	34.5	13.8
	1000	6.3	14.61	10.96	45.86	458	402	38	23	35.0	14.0
350	0	4.1	9.43	7.07	29.59	243	202	21	18	35.0	14.0
	300	4.8	10.93	8.20	34.31	321	273	27	19	36.8	14.7
	400	5.0	11.53	8.65	36.20	345	296	29	20	37.4	15.0
	500	5.3	12.13	9.10	38.08	369	318	31	21	38.0	15.2
	600	5.6	12.80	9.60	40.17	392	338	33	22	38.6	15.4
	700	5.9	13.51	10.13	42.39	415	360	35	23	39.2	15.7
	800	6.2	14.29	10.72	44.86	442	381	37	24	39.8	15.9
	900	6.6	15.12	11.34	47.45	460	401	39	25	40.4	16.1
	1000	7.0	16.01	12.01	50.25	480	419	41	26	41.0	16.4

表 8 生长公牛的营养需要（续）

体重/千克	日增重/g	日粮干物质/千克	奶牛能量单位/NND	产奶净能/Mcal	产奶净能/MJ	可消化粗蛋白质/MJ	小肠可消化粗蛋白质/g	钙/g	磷/g	胡萝卜素/mg	维生素A/kIU
	0	4.5	10.32	7.74	32.39	268	224	24	20	40.0	16.0
	300	5.3	12.08	9.05	37.91	344	294	30	21	42.0	16.8
	400	5.5	12.76	9.57	40.05	368	316	32	32	43.0	17.2
	500	5.8	13.47	10.10	42.26	393	338	34	23	44.0	17.6
400	600	6.1	14.23	10.67	44.65	415	359	36	24	45.0	18.0
	700	6.4	15.05	11.29	47.24	438	380	38	25	46.0	18.4
	800	6.8	15.93	11.95	50.00	460	400	40	26	47.0	18.8
	900	7.2	16.91	12.68	53.06	482	420	42	27	48.0	19.2
	1000	7.6	17.95	13.46	56.32	501	437	44	28	49.0	19.6
	0	5.0	11.16	8.37	35.03	293	244	27	23	45.0	18.0
	300	5.7	13.04	9.78	40.92	368	313	33	24	48.0	19.2
	400	6.0	13.75	10.31	43.14	393	335	35	25	49.0	19.6
	500	6.3	14.51	10.88	45.53	417	355	37	26	50.0	20.0
450	600	6.7	15.33	11.50	48.10	439	377	39	27	51.0	20.4
	700	7.0	16.21	12.16	50.88	461	398	41	28	52.0	20.8
	800	7.4	17.17	12.88	53.89	484	419	43	29	53.0	21.2
	900	7.8	18.20	13.65	57.12	505	439	45	30	54.0	21.6
	1000	8.2	19.32	14.49	60.63	524	456	47	31	55.0	22.0
	0	5.4	11.97	8.93	37.58	317	264	30	25	50.0	20.0
	300	6.2	14.13	10.60	44.36	392	333	36	26	53.0	21.2
	400	6.5	14.93	11.20	46.87	417	355	38	27	54.0	21.6
	500	6.8	15.81	11.86	49.63	441	377	40	28	55.0	22.0
500	600	7.1	16.73	12.55	52.51	463	397	42	29	56.0	22.4
	700	7.6	17.75	13.31	55.69	485	418	44	30	57.0	22.8
	800	8.0	18.85	14.14	59.17	507	438	46	31	58	23.2
	900	8.4	20.01	15.01	62.81	529	458	48	32	59.0	23.6
	1000	8.9	21.29	15.97	66.82	548	476	50	33	60.0	24.0

表8   生长公牛的营养需要(续)

体重/千克	日增重/g	日粮干物质/千克	奶牛能量单位/NND	产奶净能/Mcal	产奶净能/MJ	可消化粗蛋白质/MJ	小肠可消化粗蛋白质/g	钙/g	磷/g	胡萝卜素/mg	维生素A/kIU
550	0	5.8	12.77	9.58	40.09	341	284	33	28	55.0	22.0
	300	6.7	15.04	11.28	47.20	417	354	39	29	58.0	23.0
	400	6.9	15.92	11.94	49.96	441	376	41	30	59.0	23.6
	500	7.3	16.84	12.63	52.85	465	397	43	31	60.0	24.0
	600	7.7	17.84	13.38	55.99	487	418	45	32	61.0	24.4
	700	8.1	18.89	14.17	59.29	510	439	47	33	62.0	24.8
	800	8.5	20.04	15.03	62.89	533	460	49	34	63.0	25.2
	900	8.9	21.31	15.98	66.87 +	534	480	51	35	64.0	25.6
	1000	9.5	22.67	17.00	71.73	573	496	53	36	65.0	26.0
600	0	6.2	13.53	10.15	42.47	364	303	36	30	60.0	24.0
	300	7.1	16.11	12.08	50.55	441	374	42	31	66.0	26.4
	400	7.4	17.08	12.81	53.60	465	396	44	32	67.0	26.8
	500	7.8	18.13	13.60	56.91	489	418	46	33	68.0	27.2
	600	8.2	19.24	14.43	60.38	512	439	48	34	69.0	27.6
	700	8.6	20.45	15.34	64.19	535	459	50	35	70.0	28.0
	800	9.0	21.76	16.32	68.29	557	480	52	36	71.0	28.4
	900	9.5	23.17	17.38	72.72	580	501	54	37	72.0	28.8
	1000	10.1	24.69	18.52	77.49	599	518	56	38	73.0	29.2

表 9 　　　　　　　　　　　　种公牛的营养需要

体重 /千克	日粮 干物 质/ 千克	奶牛能 量单位 /NND	产奶 净能 /Mcal	产奶 净能 /MJ	可消化 粗蛋白 质/MJ	钙 /g	磷 /g	胡萝卜 素/mg	维生素 A/kIU
500	7.99	13.40	10.05	42.05	423	32	24	53	21
600	9.17	15.36	11.52	48.20	485	36	27	64	26
700	10.29	17.24	12.93	54.10	544	41	31	74	30
800	11.37	19.05	14.29	59.79	602	45	34	85	34
900	12.42	20.81	15.61	65.32	657	49	37	95	38
1000	13.44	22.52	16.89	70.64	711	53	40	106	42
1100	14.14	24.26	18.15	75.94	764	57	43	117	47
1200	15.42	25.83	19.37	81.05	816	61	46	127	51
1300	16.37	27.49	20.57	86.07	866	65	49	138	55
1400	17.31	28.99	21.74	90.97	916	69	52	148	59

表10　　　　　　奶牛在不同生理和生产阶段的营养需要量

项目		生理及生产阶段						
		6月龄	12月龄	18月龄（已妊娠90d）	泌乳初期（泌乳11d）	泌乳高峰（泌乳90d）	干乳前期	干乳后期	
体重 BW,千克		200	300	450	–	–	–	–	–
体况评分（BCS）		3.0	3.0	3.0	3.3	3.0	3.3	3.3	3.3
产奶量,千克		–	–	–	25	25	–	–	–
妊娠天数,d		–	–	–	–	–	240	270	279
干物质采食量（DMI）,千克		5.2	7.1	11.3	13.5	20.3	14.4	13.7	10.1
能量,Mcal/千克	代谢能（ME）	2.04	2.28	1.79	–	–	–	–	–
	泌乳净能（NE_L）	–	–	–	2.06	1.37	0.97	1.05	1.44
蛋白质,%	饲粮瘤胃降解蛋白质（RDP）含量	9.3	9.4	8.6	10.5	9.5	7.7	8.7	9.6
	饲粮瘤胃降非解蛋白质（RUP）含量	3.4	2.9	0.8	7.0	4.6	2.2	2.1	2.8
	粗蛋白质中（RDP/RUP）总量[2]	12.7	12.3	9.4	17.5	14.1	9.9	10.8	12.4
纤维和碳水化合物[3],%	中性洗涤纤维（NDF）最低	30~33	30~33	30~33	25~33	25~33	33	33	33
	酸性洗涤纤维（ADF）最低	20~21	20~21	20~21	17~21	17~21	21	21	21
	非纤维碳水化合物（NFC）最高	34~38	34~38	34~38	36~44	36~44	42	42	42

表 10 奶牛在不同生理和生产阶段的营养需要量(续)

项目		生理及生产阶段							
		6 月龄	12 月龄	18 月龄(已妊娠 90d)	泌乳初期(泌乳 11d)	泌乳高峰(泌乳 90d)	干乳前期	干乳后期	
矿物质	饲粮钙(Ca),%	0.41	0.41	0.37	0.74	0.62	0.44	0.45	0.48
	饲粮磷(P),%	0.28	0.23	0.18	0.38	0.32	0.22	0.23	0.26
	镁4(Mg),%	0.11	0.11	0.08	0.27	0.18	0.11	0.12	0.16
	氯(Cl),%	0.11	0.12	0.10	0.36	0.24	0.13	0.15	0.2
	钾5(K),%	0.47	0.48	0.46	1.19	1.0	0.51	0.52	0.62
	钠(Na)%	0.08	0.08	0.07	0.34	0.22	0.1	0.1	0.14
	硫(S)%	0.2	0.2	0.2	0.2	0.2	0.2	0.2	0.2
	钴(Co),mg/千克	0.11	0.11	0.11	0.11	0.11	0.11	0.11	0.11
	铜(Cu),mg/千克	10	10	9	16	11	12	13	18
	碘(I),mg/千克	0.27	0.30	0.30	0.88	0.6	0.4	0.4	0.5
	铁(Fe),mg/千克	43	31	13	19	12.3	13	13	18
	锰(Mn),mg/千克	22	20	14	21	14	16	18	24
	硒(Se),mg/千克	0.3	0.3	0.3	0.3	0.3	0.3	0.3	0.3
	锌(Zn),mg/千克	32	27	18	65	43	21	22	30
维生素,IU/千克	维生素 A(VA)	3076	3380	3185	5540	3685	5576	6030	8244
	维生素 D(VD)	1154	1268	1195	1511	1004	1520	1645	2249
	维生素 E(VE)	31	34	32	40	27	81	88	120

1. 荷斯坦奶牛成年体重 680 千克(不含孕体);妊娠期日增重 0.67 千克/d(含孕体)

2. 只有 RDP 和 RUP 完全平衡,RDP + RUP 才等于粗蛋白需要量。

3. 这些数据是维持瘤胃健康和乳脂率所需要的最低纤维含量(或最高非纤维碳水化合物)。

4. 高钾饲粮和过量的非蛋白氮(NPN)通常会抑制 Mg 的吸收。这些情况下,饲粮 Mg 的含量应增加到 0.3% ~0.35%。

5. 热应激可能会增加 K 的需要量。

四、奶牛的养殖提示

(一)挑选标准化奶牛

根据《高产奶牛饲养管理规范》ZBB4300285 规定,高产奶牛是指一个泌乳期(305 天)产奶量达到 10000 千克以上,乳脂率达到 3.4% 的奶牛群或个体奶牛。

1. 掌握奶产量

奶牛的产奶量和乳脂率是挑选奶牛的重要依据。生产者应当测量 1 次每头产奶牛的产奶量,并由收乳单位分析一次乳脂率。两次测定的间隔时间为 24 ~ 35 天,从遗传学和实践角度看,奶牛的泌乳量和乳脂率呈负相关。

2. 看体型外貌

奶牛体型的优劣与其产乳量有密切的关系。

高产奶牛须具有体格高大,中躯容积多,乳用体形明显,乳房附着结实,肢体健壮,乳头大小适中等特点。

(1)体重、体尺

美国荷斯坦成年公牛体重为 1100 千克,体高 1.6 米。成年母牛体重 650 千克,体高 1.4 米。中国荷斯坦成年公牛体重 1000 千克,体高 150 厘米,成年母牛体高 130 厘米以上,体重 500 千克以上。整体呈三角形。

从前看,顺两侧肩部向下引两条直线,越往下越宽,呈三角形,从侧面看,后驱深,前驱浅,背线和腹线向前延伸,呈三角形(◁)从上向下看前躯窄、后躯宽,两体侧线在前方相交也呈三角形(△),三个三角形的体形是高产奶牛的特征。

(2)乳房

乳房基部前伸后延,附着良好,四个乳区匀称,后乳区高而宽,乳头垂直呈柱形,间距匀称。

(3)肢蹄

后肢尤为重要。母牛生殖器官及乳房均位于后躯,需要坚强的后肢来支撑。肢蹄一定要强壮。

3. 看年龄与胎次

年龄与胎次对奶牛的产奶成绩影响很大,在一般情况下,初配年龄为 16～18 月龄,体重应达到成年母牛体重的 70%,初胎和二胎比三胎以上的母牛产奶量低 15%～20%,3～5 胎的母牛奶量逐胎上升,6～7 胎以后产奶量则逐胎下降。乳脂率和乳蛋白随着奶牛胎次和年龄的增长会略有下降,生产者必须注意奶牛年龄与胎次的选择。一般认为,一个高产牛群,如果平均胎次为 4 胎,其合理胎次结构应为:1～3 胎占 49%、4～6 胎占 33%、7 胎以上占18%。中国荷斯坦奶牛产奶性能近几年提高很快,据 21905 头品种登记牛统计,305 天各胎次平均产奶量 6359 千克,平均乳脂率为 3.56%。

4. 看饲料报酬

评定饲料报酬是挑选高产奶牛的重要指标,是测算奶牛饲料成本的依据。生产者应收集每头产奶牛的精粗饲料的采食量和全泌乳期的总产奶量,以及总料干物质,并计算其饲料报酬。高产奶牛最大采食量至少应达到体重 4% 的干物质,每产 2 千克牛奶至少应采食 1 千克干物质,低于这个标准可导致奶牛体重下降或引起代谢病等。相反高于这个标准,吃的多,产奶少,饲料报酬低,应考虑是病态还是本身产能低,有病可治疗,遗传因素造成的要淘汰。

(二) 怎样选购奶牛

黑白花奶牛的产量悬殊很大,购买者必须了解它们的规律,以免遭受经济损失。现在把选购奶牛需注意的几个问题介绍如下:

1. 品种。品种是奶牛高产、高效的生物学基础。买牛时首先要看是不是纯正的荷斯坦牛。黑白花牛有的只是杂一代,其生产性能很低。

具有优良品质的黑白花奶牛,全身紧凑而清秀,背部平宽,乳房发育良好,后躯较前躯宽、深,从侧面、前面、上面看均呈楔形(三个三角形)这是奶牛体型外貌上的主要特点。

毛色为黑白花,花片分明,额部毛色为白色,腹下、四肢下部和尾帚为白色,皮肤紧凑而富有弹性,毛细有光泽。

2. 年龄。看口齿:一般情况下,2 岁产犊的初胎牛,其泌乳量相当于成年奶牛的 70% ,3 岁时为 80% ,4 岁时为 90% ,5 岁时为 95% ,6 岁时为成年奶牛产量。奶牛的价格从出生到投产越来越高,投产后,随着胎次的增加,利用年限越来越短。价格也随之下降。购牛以头胎牛为好。

3. 看乳房、乳静脉、乳井。良种奶牛乳房应发育良好、乳房基部充分前伸后延,四个乳区发育均匀对称、大小适中、长度中等、间距较宽,挤奶前后形状变化大,挤奶后乳房后部形成许多皱褶。乳静脉粗大、弯曲、分支多。乳井大。乳房是奶牛功能性体征。

4. 看奶产量。在泌乳期可以实际跟随挤奶,看挤奶量。

5. 看奶期。奶期长短也是一个重要指标,正常情况奶期应为 305 天。要买奶期长的。

6. 妊娠。尽量买妊娠牛,而且要妊娠大月龄牛。无效饲养期短;如果是空怀牛,有可能是久配不孕牛或异性双胎中的母牛。异性双胎母牛大部分没有生育能力。

7. 选购奶牛时可能遇到的欺诈行为:

(1)染毛:将白色眼睫毛、体躯白毛染成黑色,在奶牛开始热的 1999 到 2004 年间多见,到 2005 年以后购牛者逐步理性化,此类现象较少。

(2)异性双胎母牛:异性双胎母犊,生长慢、外阴稍小、阴毛较长、阴蒂较大而明显。唯一确认的方法是直检,直检时发现子宫如细线,卵巢如高粱粒大。

(3)乳腺组织已坏死:停奶前有乳房炎,腺组织已坏死,等怀孕 7～8 月时出售。这种牛可根据乳区、乳头温度高低断定泌乳功能是否正常,坏死的乳区,一般温度较低,但也不完全准确。

(4)加工角轮:经过加工使角轮年龄变小,此时买牛者可再看牙。

(5)修牙。

(6)人工催乳:一般是给没有怀过孕的牛注射催乳针,使乳房发育,外行人看到乳房发育,误认为怀孕而上当。

(7)死胎或干尸:胎儿已经死亡或干尸化。妊娠检查,不能做出正确判断。

(8)阴道松弛:将手伸进阴道,会发现阴道是一个很大的腔而向下垂,这样的牛一般有阴道积液,子宫颈口开张,阴道内污物直接进入子宫,造成子宫炎难治愈,正在怀孕的可能很小。

8. 买牛时观察当地养牛技术状况、饲养水平。

(1)看是否自养公牛或附近有公牛,如果用自养公牛配种,牛群质量很低。

（2）卖牛户饲养水平高，一般低产牛再提高奶产的潜力小。

9. 买牛时必须做的检查：

（1）定胎：是否怀孕、胎龄、是否有子宫内膜炎。

（2）看口：确定年龄。

（3）试奶：当场挤奶，确定奶产量。

（4）检疫：是否有布病、结核、肺结核等慢性传染病。

（5）观察：精神状态，身体结构、乳房情况、大小便。经手术植入硅状胶"假奶牛"乳房基部侧方有 1~6 厘米的疤。

10. 查看牛的系谱记录。

注入聚丙烯酸铵水凝胶的"假奶牛"乳房基部没有疤痕。在购买奶牛时，最好选择饲养管理规范、系谱记录健全的大型牛场，并索要查看奶牛系谱记录，这样可以通过系谱了解其亲代母牛的产奶情况，从而了解所购奶牛的产奶水平，同时也为今后人工受精选种打基础。

后　记

　　进入 21 世纪,我国的奶牛养殖业和乳业发生了根本性变化。以内蒙古自治区土默特右旗为例,1998 年全旗仅有不足千头奶牛,一家民营乳品厂。从 2001 年开始,不到三年时间,全旗黑白花奶牛猛增至十几万头。发展速度惊人,形势更逼人。

　　这么多奶牛怎么养? 病了谁来治? 挤下奶卖给谁? 一连串的问题摆在政府、农民、技术人员面前。

　　在这种形势下,我受该旗农牧局和几个乡镇的邀请,先是走村入户、办学习班,讲授奶牛饲养管理的知识与技术,积极诊治奶牛疾病。高产奶牛病多病杂,对从未见过高产奶牛的农民更是一大难题。在这种情况下,政府又聘我在党校中专班讲课,在广播电台讲了三年奶牛饲养管理技术与奶牛常见病防治。

　　据农民反映:"你讲的知识,记不住,用不上,最好再编成书,给我们发下来,遇到问题有查找处。"为了满足奶农的需要,我在已有讲案的基础上,搜集整理了更多、更新、更全面的相关资料,翻阅了多种相关技术书籍,结合自己几十年养牛治病的经验,着手编著本丛书。

　　奶牛养殖与医疗是科技工作,有很强的科学性与实用性。科技在不断进步,我们为奶农或规模奶牛养殖企业提供的资料与技术必须是最新的知识和技术。当然成熟可靠的理论与知识还必须能应用于实践，二者不可偏废。新技术是在旧技术的基础上发展形成的。

本丛书的编写过程也是见证我区奶牛养殖发展的过程。奶牛养殖业由分散向集中规模化发展，要求的相关内容不只是助产、剥胎衣等一般性的知识，还包括规模化奶牛场的建设、管理、经营、疫病控制技术和无公害奶牛生产技术发展。这就要求在总结经验的基础上，不断增加新内容、新资料，适应新形势，以提高时效性与实用性。

本书内容繁简有序，有的问题叙述得较细，从理论到实用技术，内容全面而深入；有的问题如不常见的奶牛疾病等则简明扼要。每册都有一个重点。

本丛书参考、吸收了多种专业书籍、文献的内容，集中了许多人的智慧与劳动成果，也受到同行的鼓励与帮助，在此一并致谢！

本丛书的出版，得到内蒙古人民出版社的大力支持，在此表示由衷地感谢！

由于我们才疏学浅，错谬之处在所难免，恳望同行及读者不吝赐教，给予批评、指正，以便再版时修正。

作者
2014 年 10 月

主要参考书目

1.《牛病学》,李培元等编,吉林人民出版社,1982 年出版

2.《畜牧业经营管理》,中央农业广播电视学校教材,2003 年出版

3.《奶牛乳房炎与日粮营养》,李振编,山东临沂师范学院,2005 年出版

4.《奶牛高效饲养新技术》,徐照雪、薛允平编

5.《奶牛全混合日粮(TMR)生产技术规范与饲养工艺》刘亚男编,中国奶牛,2007 年出版

6.《养牛学》,陆跃辉编,职业中学校教材

7.《无公害奶牛标准化饲喂技术》,中国农业部部颁

8.《高产奶牛饲养管理规范》,中国农业部

9.《内蒙古农牧业技术推广与应用》,内蒙古农牧业厅科教处,2012 年出版

10.《家畜内科学》,西北农业大学编,农业出版社,1986 年出版

11.《中兽医学》(内部试用),华北农业大学,中国人民解放军兽医大学,1975 年出版

12.《家畜病理学》,内蒙古农牧学院主编,农业出版社,1984 年出版

13.《家畜传染病学》,(匈)胡体拉著,盛彤笙译,科学出版社,1964 年出版

14.《家畜育种学》,内蒙古农牧学院,农业出版社,1980 年出版

15.《家畜环境卫生学》,东北农业学院,农业出版社,1983 年出版

16.《实用抗菌素学》,戴自英主编,上海人民出版社,1977 年出版

17.《家畜寄生虫学》,南京农学院,上海科技出版社,1981 年出版

18.《家畜寄生虫图谱》,邱汉辉编,江苏科学技术出版社,1983 年出版

19.《兽医微生物学》,甘肃农业大学

20.《家畜寄生虫与侵袭病学》,北京农业大学主编,农业出版社,1962 年出版

21.《家畜产科学》,甘肃农业大学,农业出版社,1980 年出版

22.《家畜解剖学》,(英)赛普提摩斯,谢逊著,张鹤宇等译,科学出版社,1972 年出版

23.《家畜生理学》,(美)M·J斯文森主编,华北农业大学译,科学出版社,1978 年出版

24.《兽医药理学》,华南农业学院,农业出版社,1988 年出版

25.《家畜传染病学》,南京农学院主编,上海科学出版社,1981 年出版

26.《中华人民共和国药典》(中草药及其制品),1977 年出版

27.《家畜饲养》,王文元等编,内蒙古人民出版社,1999 年出版

28.《中兽医治疗学》,中国农业科学院,1962 年出版

29.《中国兽药标准汇编》,2012 年出版

30.《元亨疗马集》

31.《中药方剂学》,聂富成编,1993 年出版

32.《现代乳牛学》,邱怀主编,2003 年出版

33.《实施奶牛场良好农业规范》,李栋等编

34.《中国畜牧业年鉴》,2010 年出版

35.《奶牛营养需要》,美国 NRC2002 年版,中国饲料工业协会译

36.《配合饲料大全》,李复兴编

37.《中国饲料成分及价值表》

38.《NY/T34 - 2004 奶牛饲养标准》

39.《中国乳业》,中国农科院文献信息中心,农业部情报所

40.《中国奶牛》,中国奶业协会,双月刊

41.《饲料博览》,黑龙江省饲料工业协会,东北农业大学,1988 创刊

42.《当代畜禽养殖业》,内蒙古畜牧业杂志社,多期

43.《中国畜牧杂志》,中国畜牧兽医学会

44.《中国兽医杂志》,中国畜牧兽医学会,中国农业大学出版

45.《兽医导刊》,中国动物预防控制中心等单位,多期

46.《现代奶牛养殖综合技术》,熊家军等编著,2011 年出版

47.《奶牛繁育技术手册》,王洪忠主编,内蒙古人民出版社,2005 年出版

48.《奶牛养殖手册》,王洪忠主编,远方出版社,2004 年出版

49.《动物防疫人员培训指南》,郝斗林主编,远方出版社,1999 年出版

50.《实用奶牛疾病学》,巴开明主编,内蒙古人民出版社,2002 年出版

51.《家畜内科学》,(匈)胡体拉等著,科学出版社,1965 年出版

52.《家畜外科学》,北京农业大学编,农业出版社,1988 年出版

53.《动物遗传学》,北京农业大学编,农业出版社,1988 年出版

54.《兽医临床诊断学》,东北农业大学编,农业出版社,1988 年出版

55.《中国奶牛》,易明梅著,上海交通大学,2007 年出版

56.《企业财务管理》,天津财经大学,2011 年出版

57.《执业兽医资格考试应试指南》,中国兽医协会组织编,中国农业出版社 2014 年 4 月出版